以统计方法为主的自然语言处理

袁里驰 著

·长 沙·

图书在版编目(CIP)数据

以统计方法为主的自然语言处理 / 袁里驰著. —长沙：中南大学出版社，2021.7

ISBN 978-7-5487-4413-9

Ⅰ. ①以… Ⅱ. ①袁… Ⅲ. ①统计方法—应用—自然语言处理 Ⅳ. ①TP391

中国版本图书馆 CIP 数据核字(2021)第 071784 号

以统计方法为主的自然语言处理

YI TONGJI FANGFA WEIZHU DE ZIRAN YUYAN CHULI

袁里驰　著

□**责任编辑**　刘锦伟

□**责任印制**　周　颖

□**出版发行**　中南大学出版社

社址：长沙市麓山南路　　邮编：410083

发行科电话：0731-88876770　　传真：0731-88710482

□**印　　装**　长沙雅鑫印务有限公司

□**开　　本**　889 mm×1230 mm　1/16　□**印张** 6.5　□**字数** 175 千字

□**版　　次**　2021 年 7 第 1 版　□2021 年 7 月第 1 次印刷

□**书　　号**　ISBN 978-7-5487-4413-9

□**定　　价**　39.00 元

前言

PREFACE

自然语言理解又称自然语言处理，是人工智能与计算机科学领域中的非常重要的研究方向，它研究在计算机与人之间用自然语言能实施有效通信的方法和理论。自然语言理解的研究内容非常宽泛，包括问答系统、文档分类、信息检索、自动文摘、机器翻译等。自然语言处理的目标是计算机能学习、理解并能够生成人的语言，实现智能处理的效果。伴随着移动互联网技术、机器学习和深度学习技术的发展，以及数据资源的积累和并行计算能力的提升，自然语言处理的研究方法也发生了巨大的变化，已经在语音和图像的识别领域取得了显著的成果。

自然语言处理技术的发展大致经过了2个阶段。第1阶段主要依靠词表和规则来处理语言，但自然语言本身所具有的多样性、歧义和上下文相关等特点使得这个工作进展缓慢。第2阶段的研究采用基于统计的机器学习方法，在标注语料库的基础上建立语言模型，取得了显著的效果，但当时研究者们尚未充分认识到机器学习的更大潜力。第2阶段后期主要依赖于机器学习的最近进展——深度学习，面向大量的网络数据资源，并进行处理，取得了丰硕的成果。

由于笔者学术水平有限，书中还有一些不成熟的内容，还望同行和读者多多包涵和指正。同时有关情况特说明如下：本书有一部分介绍性的内容引用了王小捷、常宝宝两位老师所著的《自然语言处理技术基础》一书，在此对王小捷、常宝宝两位老师表示衷心的感谢！对于本书包含其他同行已经发表或撰写过的研究成果，已列入参考文献或加以标注，并在此表示衷心的感谢！

袁里驰

2021年1月30日

目录

CONTENTS

1 绪 论

1.1 自然语言处理(理解)概述

1.1.1 自然语言理解的本质

自然语言理解，又称自然语言处理(实际上，这两个概念是有所不同的)，就是如何让计算机能正确处理人类语言，并据此做出人们期待的各种正确响应。目前，在人工智能界尚无统一的机器对自然语言理解的定性准则和量化标准。一般认为，根据著名的图灵实验，至少有以下四条准则可用于判断计算机是否“理解”了某种自然语言：机器能正确回答输入文本中的有关问题；机器有能力生成输入文本的摘要；机器可以用不同的词语和句型来复述输入文本；机器具有将一种自然语言(源语)的输入文本翻译成另一种自然语言(目标语)文本的能力。显然，这四条准则只是大致的定性准则。对图灵实验和上述准则加以推敲，可以看出这些准则是比照人的自然语言理解情况而确定的，并不完全符合机器对自然语言理解的特点。这些准则不但是相互关联的，而且多数准则并没有直接反映语言理解本身。

首先，回答问题的过程也不是对问题语句的简单理解过程。回答文本的生成不仅要“理解”问题，而且还要对储存的信息(即与问题有关的背景知识)进行筛选和组织。因此，问题回答不正确也不能说明机器没有理解问题。其次，用不同的词语和句型复述输入文本，实际上是一种释义。复述表现了对输入文本的字面理解，但并不反映理解的全过程和全部内容，也不能表示“意在言外”的微妙之处。理解过程除释义之外，实际上还包括一定的推理，MARGIE 系统的设计者认为，人类从一个句子中所领悟到的东西，远比这个句子显式表现的东西多，即使采取一定的推理手段，仍然可能丢失某些隐含意义。推理文本反映对输入文本隐含意义的发掘，虽然这种对隐含意义的反映可能有遗失、歪曲的现象存在，但总归是对输入文本含义的理解。释义和推理对输入文本进行的信息加工是一种直接处理，并不进行补充、概括、转换语种等后续工作，输入文本的基本含义和语种没有变化。释义文本可能增加或减少输入文本的附属意义，这是由于不同词语所表达的概念通常是难以完全重合的，即使是两个同义词，也难以做到所表达的概念完全重合；推理文本则存在遗失隐含意义、产生歧义、增加不应有的含义等问题。最后，无论是机器还是人，在生成摘要文本和译文文本时，都要在理解输入文本的基础上，对储存的信息进行进一步的处理。它们可以用于判断机器是否理解了输入文本，但它们并不是“理解”本身的直接反映，因此，不是语言理解的直接判断准则。即使在人的自然语言理解情况中，不能生成摘要文本或译文文本，也并不代表人没有理解输入文本。人脑对自然语言的理解是在多个层次上同时进行的，并不局限于语言的字面意义及逻辑关系等浅表层次，还可深入到感觉、表象层次。人脑的理解集中地表现在“悟”，是对语言的综合思考，并从思想内容上去把握语言。机器自然语言理解只是简单的字符运算处理。虽然采用了机器推理后，可表现出一定的对隐式含义的发掘，但由于其只能在字面、逻辑关系等浅表层次进行理解，并不具有“悟”的能力。机器与人的自然语言理解层次的不同是本质的不同。虽然在思维物质的基础层次上，机器的1，0代码可近似模拟人的神经元脉冲的有无。但由于模式和机制的不同，机器与人的自然语言理解是不同的。总体上讲，人的自然语言是以大量的感觉、印象、实践材料为基础的，这里面主要是形象概念，是“只可意会，不能言传”的。语法学、语义学和语用学等语言知识是人们对自然语言规律和规则的认识，并不代表自然语言本身。机器自然语言实际上是人为地将人的自然语言中可以形式化的那部分抽取出来，并按照语言学知识制定一些规则，构造出的一种自然语言。机器自然语言的基础不是感觉、印象等形象概念的集合，而是词语概念的集合。通过上述讨论，可以认为机器的自然语言理解的本质是在形式化的自然语言的基础上，用形式化的逻辑工具和形式化的知识去对输入文本进行翻译和推理。机器的自然语言也可看作人的自然语言的一个子集，一个不完全的部分集合。由于自然语言是人类经过漫长的时期逐步发展和完善起来的，自然语言的理解必须要遵循语言发展的规律。尽管目前对语言的起源还不是十分清楚，但人类用书面记录的语言材料也有四千年之久。通过这些年的发展，自然语言经过多次变化。以汉语为例，经过数千年的变迁，不论字形、字义还是用法都有巨大的变化，我们可以从这些变化中寻得语言的一些发展规律，必然对语言(特别是现代语言)的理解有所帮助。

1.1.2 自然语言理解的困难和内容

自然语言的识别和处理是人工智能研究的最重要的课题之一，也是人工智能研究的关键。对于人工智能的研究来讲，为了使人工智能系统更有效地获取人类知识，有更强的学习功能，就必须具有相当高的人机对话能力，那么系统必须具有较强的自然语言识别和处理能力。实际上，自然语言处理和人工智能的其他领域(如定理证明、问题解答、模式识别、机器博弈和机器人科学等)的根本问题都是知识表达和利用问题。说得全面一点就是：如何去获取各种不同的知识，并以一种计算机可以使用和处理的方法表达知识。实际上，一旦适当的知识结构和表达理论充分建立了，那么自然语言处理的瓶颈问题也就消除了。钟义信教授在人工智能方面做了大量富有成效的研究工作，他提出的“全信息”理论对自然语言处理的研究工作具有很重要的指导意义。

通常所说的计算机理解了某些事件，实际上是把这些事件的一种表示形式转换为另一种表示形式，每种表示形式对应着一组动作。为了得到关于理解的总体描述，通常将语言看成是源语言和目标语言的二元组，两者存在着映射。理解自然语言之所以困难，有三个重要因素：

(1)目标表示的复杂性。如语义的概念表示，要从语句中提取这种表示的关键字就相当复杂，同时还需要更多相关的客观世界的知识。

(2)映射的类型。对于源语言到目标语言表示的映射，一对一类型是最理想的。但在现实中，自然语言到目标语言表示的映

射极难达到一对一的要求。

(3)成分间的交互程度。在语言中，每个语句都是由多个成分组成的，若每个成分的映射与其他成分无关，那么，映射过程就比较简单。遗憾的是，自然语言中的成分交互程度相当高，句子中改变一个成分，常常会大大改变句子的整体结构，这使得映射的复杂程度大大增加。

自然语言理解的研究分为书面语理解和口语理解，相对而言，书面语比较规范，比起口语来说比较容易用机器处理。由于“语言是思想的直接实现”，社会的一切进步乃至生存都离不开语言(文字或非文字形式)，这使得语言学几乎与所有的学科都存在着密切的联系，增加了语言研究的难度。因此，自然语言理解的研究不但要运用语言学中的词汇、语法、句法、语用和语义学知识，而且还要涉及大量的客观世界的知识以及与其相关学科的知识。

语言学上对语言有这样的层次划分：第一层次是语音和文字，即基本语言信号的构成；第二层次是语法和句法(合称“语法”)，即语言基本运用单位的构成和组合的形式规律；第三层次是语义，即语言所要表达的概念结构；第四层次是语用，即语言与语言使用环境的相互作用。相应地，语言的分析和理解过程也应当是一个层次化的过程。许多语言学家把这一过程分为四个层次：语音分析、语法分析、语义分析、语用分析。其中，语法分析又可分为词法分析和句法分析。语音分析是根据音位规则，从语音中区分出一个个独立的音素，再根据音位形态规则找出一个个音节及其对应的词素或词。词法分析的主要目的是找出词汇的各个词素，从中获得语言学信息。需要说明的是，在汉语中找出词素容易，汉语分析难在词的切分。句法分析是对句子和短语的结构进行分析。句法分析的方法有很多，有短语结构语法、格语法、扩充转移网络和功能语法等。分析的目的就是找出词、短语等的相互关系以及各自在句子中的作用等，并以一种层次结构来加以表达。这种层次结构可以是从属关系、直接成分关系和语法功能关系。语义分析就是通过分析找出词义、结构意义及其结合意义，从而确定语言所表达的真正含义或概念。语用分析，就是对语言符号与语用符号使用者之间联系的研究分析。

通常，为了达到理解语言的目的，需要进行三步工作：理解所出现的每个词；从词义构造表示语句意义的结构；从句子语义结构表示语言的结构。在这三个过程中，需要着重解决如何有效地使用语法、语义、语用及与其相关的各种知识问题。

由于汉语没有形态变化，属于意合分析型语言，因此无法直接套用西方现有的语法模式。正是由于汉语词性的分类及划分是个老大难问题，进而使得语法语义的分析及生成也变得极其困难。

汉语的理解一般分为以下步骤：原文输入、句子词语切分及词语属性特征标注、语法及句法分析、语义及语用和语境分析、生成目标形式表示、句群及篇章理解等。句子分析上接篇章理解，下连词汇分析，起着承上启下的作用。词汇分析是基础，句子分析是中心，篇章理解是最终目的。那么，一旦得到了句子成分的计算机表示，无论是应用于句群划分、篇章理解，还是机器翻译、机器释义、人机对话或是情报检索等方面，都有着实际意义。

深度学习属于机器学习的重要分支，是人工智能的新研究领

域。作为人工智能和机器学习领域发展最快速的研究领域，深度学习一直得到工业界和学术界的高度重视。基于深度神经网络和特征自学习的一系列机器学习方法的总称为深度学习。深度学习的本质是特征抽取，即通过组合和提炼低层次的特征形成更抽象的高层表示，以获取最佳特征。当前深度学习的研究取得了相当大的进展，在传统特征提取和选择方面有了重大发展，对包括遥感影像解译、生物医学分析、自然语言理解在内的许多研究领域发挥了越来越显著的影响，并在语音识别与计算机视觉等领域获得了突破性的进展。

利用深度学习相关技术解决自然语言理解有关问题是目前深度学习的重要研究任务。自然语言理解作为人工智能与计算机科学交叉领域中的重要研究课题，综合了计算机科学、人工智能、心理学、逻辑学、语言学等学科的成果与知识。其研究任务主要包括命名实体识别、自动文摘、机器翻译、情感分析、机器问答、词性自动标记和句法结构分析等。自然语言作为高度抽象化的符号系统，自然语言相关研究非常依靠人工构造的特征。而深度学习算法的优点恰恰在于其突出的特征——自学习能力和判别能力，十分合适自然语言大数据、无标签和高维数的特征。

1.2 国内外发展现状

1.2.1 国外关于自然语言理解方面的研究

国外关于自然语言理解方面的研究起步较早，一些卓有成就的语言学家、逻辑学家和心理学家都在自然语言理解中的语法、句法及语义分析方面提出了一系列较为系统的理论的方法。比较有影响的理论有：

(1)转换生成语法：1957 年美国 Chomsky N(乔姆斯基)创建了转换生成语法(transformational generative grammar)。Chomsky N 用数字方法定义的人工语言(形式语言)来研究语言学问题，用他的语言生成方法去研究形式语言。Chomsky N 将句子的结构分为深层结构和表层结构两个层次，并将语法划分为四个型：无约束短语结构语法(0 型语法)；上下文有关语法(1 型语法)；上下文无关语法(2 型语法)；正则语法(3 型语法)。一些表达相同意义的句子尽管表层结构不同，但其深层结构却是相同的。转换生成语法的原理是，通过上下文无关语法生成句子的深层结构，然后应用转换规则再将深层结构转换为表层结构。如果要进行句子分析，则首先要逆向应用转换规则将表层结构转换为深层结构，之后再应用上下文无关文法进行分析。在 Chomsky N 的语法中基本上抛开了语义、语用和语境(广义)方面的知识，只局限在一个形式化的机制上，因此很难完整确切地描述自然语言。

(2)依存语法：1958 年法国的语言学家 Tesniere L(特斯尼耶尔)提出了依存语法(dependency grammar)。Tesniere 主张主要动词作为一个句子的中心，支配其他成分，而它本身不受任何其他成分控制。依存语法描述的是句子中词与词之间直接的句法关系。这种句法关系是有方向的，通常是一个词支配另一个词，或者说，一个词受另一个词支配，这种支配与被支配的关系体现了词在句子中的关系。1970 年，Robinson J J 提出了依存关系的四大公理，为依存语法奠定了基础，此后，Anderson J A、Hudson R

A、Melcuk I A 和玉德美等相继发表论文，使之逐步走向实用。

(3)语义网络：1996 年美国 Quillian(奎廉)首次提出了一种知识表示工具——语义网络(semantic network)。Quillian 建议用语义网络来描述人对事物的认识，实际上是对人脑功能的模拟，并希望这种语义网络能用于进行知识推导。在这个网络中，代替概念的单位是节点，代替概念之间关系的则是节点间的连接弧，称为联想弧。因此这种网络又称为联想网络。语义网络在人工智能的知识表示中有着广泛的应用。

(4)蒙塔鸠语法：1970 年美国 Montague R(蒙塔鸠)创建了一个完备的自然语言体系——蒙塔鸠语法(Montague)。在蒙塔鸠语法中涉及范畴语法和内涵类型逻辑。在分析自然语言语句时，蒙塔鸠采用一种结合乔姆斯基的转换生成语法思想的范畴语法来给出其语形结构描述，然后再将这一语形描述转换为内涵类型逻辑表达式，最后通过体现语境用的可能世界语义模型理解来给出逻辑语义表达式的意义解释。蒙塔鸠语法体系在分析和描述自然语言理解问题时，无论从语法方面还是语义、语境方面都是较为完善的，特别适合英语类型的语言。

(5)扩展转换网络：1970 年美国 Woods W A(伍兹)根据 Chomsky(乔姆斯基)创建的转换生成语法，设计了扩展转换网络(augmented transition network，简称 ATN)，并于 1972 年建成了 LUNAR 模型。扩展转换网络既可以看成一种语法描述工具，也可以看成一种自动机。在 ATN 中，文法被表示为一组图(或称为网)，这些网表示了句子成分的可能顺序以及在处理过程中分析器可能进行的各种选择。LUNAR 是把 ATN 语法应用于实际问题的一个范例，由于系统只要求有限的性能目标，所以自然语言对话中的某些常见的复杂问题被回避了。

(6)系统语法：1972年美国Winograd T(维诺格拉德)根据Halliday(哈里迪)的系统语法提出了SCHRDLU模型。系统语法把语言看成一种社会现象，采用描述和归纳的方法进行研究。Winograd认为语义理论必须在三个平面上描述关系：确定词的意义；确定词组在句法结构中的意义；一个自然语言的句子决不应该被孤立地解释，一种语义理论必须描述一个句子的意义如何依赖于它的上下文，语义理论必须涉及语言学背景。(说话的上下文)和现实社会(世界)背景(即同非语言学事实的知识的相互作用)，语义理论必须同句法和语言的逻辑方面(演绎推理)相联系。SCHRDLU是一个在“积木世界”中进行英语对话的自然语言理解系统。同样由于系统只在一个简单的限定领域(积木世界)，所以自然语言对话中的某些常见的复杂问题被回避了。

(7)格语法和语义网络理论：1973年美国Simmons R F(西蒙)在Woods W A(伍兹)的ATN的基础上，采用Fillmore(菲尔摩)的格语法(case grammar)建立了语义网络理论。格语法将自然语言理解中的语法和语义分析结合起来，它的语法规则是用于描述语法规律而不是语义规律的，但规律所产生的最终结构不是严格表示语法结构而是描述语义关系。语义网络表示描述了知识的分层分类结构下的概念关系，主要推理形式是概念(节点)间属性的继承。这种分层的继承关系刻画了客观知识与人类常识。语义网络表示有实现系统，但一直缺乏理论基础。

(8)概念依存理论：1973年美国Schank C(杉克)提出了概念依存理论(conceptual dependency theory)，建立了MARGIE系统，1975年建立了SAM系统，1977年建立了模拟儿童学语的程序。

Schank C 认为句子的句法分析对语言理解的帮助不大，句法结构无法提供必要的信息来理解语义，人类在理解语句时全靠生活知识。在理解时，语法只起到一个指引的作用，即根据某些输入词语找到所需的概念结构。任何两段话，只要意思相同，无论是否属于同一种语言，都有同一个概念内容。概念内容应具有中性的结构形式，超脱于特定的语言文法，超脱于一切表层结构。概念内容由概念及其相互之间的从属关系构成。由于用概念依存理论来理解自然语言时，大量使用到语义知识，使得对纯粹语法分析有二义性的句子亦能赋以唯一的解释。但是要很好地完成分析工作又需要庞大的语义知识库。

(9)境况语义学：1983 年美国的 Barwise J 和 Perry J 建立了系统的语义学——境况语义学(situation semantics)，发表了他们的代表作《境况与态度》。Barwise 和 Perry 认为他们的语义理论可以克服传统的真值条件语义学遇到的一些困难，特别是如何处理态度动词等。境况语义学是一种语义与语用相结合的语义分析理论。广义的境况包括客观世界中所有动态和静态的事件，它是连续时间和连续空间中呈现的连续画面；狭义的境况是指与某个言语活动相联系的动态或静态事件，即包括该言语活动所涉及的事件。境况理论认为，语言表达式的含义是两个境况之间的关系：一个是话语发生时的境况，另一个则是该话语所描述的境况，这两个境况之间的关系要受人们对语言使用规则的约束，正是这种约束决定了语言表达式的含义。语言之所以具有交流信息的功能，是因为对语言使用规则的约束要为整个社会所遵从。境况理论的任务，就是要从客观世界存在的大量真实境况中，抽象出所有境况共有的内部结构，在此基础上探讨境况之间的约束关

系，揭示出语言表达式的含义，从而为基于境况的自然语言理解提供一个可计算的数学模型。

(10)语料库语言学：近几年来，在国际范围内掀起了语料库语言学(corpus linguistics)的研究热潮，即研究语料库语言学研究机器可读的自然语言文本的采集、存储、检索、统计、语法标注、句法—语义分析以及具有上述功能的语料库在语言定量分析、词(字)典编撰、作品风格分析、自然语言理解和机器翻译等领域的应用。

另外还有许多计算语言学家或学者在总结前人的经验与成果的基础上又提出了不少新方法、新理论和新思路，这为计算语言学的不断发展做出了贡献。

尽管国外在计算语言领域的研究开展得较早，成熟的理论框架也为数不少，开发的实验系统也不计其数，但到目前为止，现有系统离真正的实用要求尚存在较大距离。

1.2.2 国内关于自然语言理解方面的研究

国内在自然语言理解方面较为系统的研究成果为数不多。因为我国的自然语言理解研究必须以汉语为研究对象，而我国传统的汉语研究，并不以计算机处理汉语为目的，尽管语言学家设计了许多汉语语法体系，可这些体系很难直接在自然语言理解的研究中得到有效应用。同时，由于汉语是无形态变化的语种，因此无法直接套用西方现有的语法、语义结构体系，这使得汉语自然语言理解研究工作困难重重。令人欣慰的是，近几年，国内自然语言理解的研究取得了很大的成绩，无论在汉语书面语的自动切分、汉语电子词典、汉语机读语料库、机器翻译、汉语人机对话、

汉语情报检索等应用研究领域中，还是在结合汉语、汉字特点探索计算语言学基础理论的研究中，都出现了不少拓荒之作，取得了骄人的成果。

我国早在 1956 年就开始了俄汉机译研究，并于 1959 年获得成功。但当时的技术主要是词与词翻译和模式匹配，缺乏句法和语义分析，几乎谈不上理解。

我国实际上从 1978 年才开始真正意义上的汉语理解研究。经几十年的时间，无论在句法和语义分析方面，还是在各语言单位的语义表示与获取方面，以及在歧义消解等方面都取得了较大进展，并建立了一批汉语理解的实验系统，其中一些系统已实用化和商品化。在这几十年间，汉语句子理解研究归纳起来基本上经历了以下几个阶段：

(1)以语形分析为主，基于语法规则的早期阶段。

早期的研究主要集中在对句子的形式描述和分析，建立了一批汉语句子理解系统和人—机接口实验系统。这些系统基本上都基于转换生成语法、扩充转移网络等语法理论等，注重汉语句子的语形分析，主要通过构造语法规则来实现对汉语句子的分析，相对忽略语义检查，功能较弱。它们能处理的语言现象非常狭窄，或者语言本身受限，仅能处理有限的词汇与句型，或者领域受限，仅局限于某个专用领域。

(2)注重语义分析基于语义规则的中期阶段。

在总结早期研究成果和实践经验的基础上，我国计算语言学界逐渐将研究重点转移到了语义方面，从 20 世纪 80 年代开始，借鉴国外的自然语言语义理论，先后提出了一系列符合汉语特点的语义分析方法和语义表示理论。如汉语格语法理论、汉语的各种信息在语义网络中的表示方法等。在构造语义规则时，基本上采用上下文无关文法(CFG)，与语法规则不同的是表示非终止符和终止符的内容是与语义有关的概念知识而不是NP(动词短语)、或N(名词)等语法术语。由于语义表示的最佳方法就是枚举法，即知识粒度越小越好，但这将意味着巨大的多学科人力投入和机器存储空间的庞大开销，同时还要付出搜寻时间剧增的昂贵代价。因此，如何将语义知识运用逻辑的方法有机地组织起来并便于计算，一直是计算语言学工作者苦苦索求的目标。到目前为止，语义的表示还没有较系统的理论框架，所以语义的运用也无法大规模实施。

(3)基于语料库统计方法的近期阶段。

我国基于语料库的汉语理解研究方兴未艾，目前正处在初期探索阶段。根据对语料库加工的程度，将语料库分为：生语料(未经处理过的)、一级语料库(经过分词处理过的)、二级语料库(经过词性标注过的)、三级语料库(经过句法标注过的)和四级语料库(经过语义标注过的)。利用各级语料库可以完成自动分词，自动建造知识库，自动生成句法规则，自动统计字、词、短语、句子的使用及关联频率等工作；然后，将各种统计数据有效地应用于汉语句子理解中，同时运用语料库的标注来进一步验证或统计汉语句子理解结果。但语料库知识的数量以及知识类型的覆盖面都直接影响着统计数据的真实性和普遍性。

(4)基于统计与规则并举的现阶段。

基于规则的方法是一种唯理主义方法，本质上是一种确定性的演绎推理方法。其优点在于根据上下文对确定事件的定性描述，能充分利用现有的语言学成果。其缺点是对于一些不确定的

事件显得苍白无力，同时规则之间的相容性和适用层次范围都存在一些缺陷和限制。而基于统计的方法是一种经验主义方法，其优势在于它的全部知识是通过对大规模语料库进行必要的加工、分析后自动抽取出来的，因此可以获得很好的一致性和很高的覆盖率，对语言处理提供了较客观的数据依据和可靠的质量保证。基于统计的方法本质上是一种非确定性的定量推理方式，定量是基于概率的，因此其必然会掩盖小概率事件的发生。有些统计方法无法解决的问题，利用规则却很容易解决。所以，在进行句子分析理解时将统计方法与规则方法有机地结合起来不失为一种首选策略。清华大学的黄昌宁教授等就成功地结合语料库统计与规则的优点，设计了一个统计与规则并举的汉语句法分析模型CRSP。在这个模型中，语料库用来支持各类知识和统计数据的获取，并检验句法分析的结果。规则主要用于邻接短语的合并和依存的关系网的剪枝。他们的实验取得了令人满意的结果。

综上所述，我国在汉语自然语言理解方面的成绩主要可以归纳为：

①机器翻译：以冯志伟教授等为代表的计算语言学学者早期在机器翻译研究方面做了大量的工作，并总结出不少珍贵的经验和方法，为后来的计算语言学研究奠定了基础。

②语料库研究：清华大学的黄昌宁教授领导的计算语言学研究实验室，主要从事基于语料库的汉语理解。近年来，在自动分词，自动建造知识库，自动生成句法规则，自动统计字、词、短语、句子的使用及关联频率等方面做了大量的工作并发表了不少极具参考价值的论文。

③语篇理解研究：东北大学的姚天顺教授和原哈尔滨工业大

学的王开铸教授等在计算语言学的语篇理解方面(特别在结合语义方面)的研究取得了一定的成绩。

(4)概念层次网络理论：中国科学院的黄曾阳先生在进行自然语言理解研究中，经历了长达8年的探索和总结，在语义表达方面归纳出一套具有自己特色的理论，提出了概念层次网络理论(hierarchical network of concept，HNC)。它是面向整个自然语言理解的理论框架。这个理论框架是以语义表达为基础，并以一种概念化、层次化和网络化的形式来实现对知识的表达。这一理论的提出为语义处理开辟了一条新路。

1.2.3 深度学习国内外研究现状

深度学习来源于人工神经网络的研究，Landahl 等将人工神经网络(ANN)作为计算工具引入。后来 Hopfield 神经网络、径向基神经网络、误差反向传播算法、玻尔兹曼机、感知机模型和 Hebb 自组织学习规则等也被相继提出。著名学者 Hinton 等 2006 年在 *Science* 发表的一篇学术论文，开启了深度学习的浪潮。Hinton 等提出了深度信念网的概念，成功地利用贪心策略逐层训练由限制玻尔兹曼机组成的深层架构，解决了以往深度网络训练困难的问题。Hinton 指出深度学习的实质为一种通用的特征学习算法，其重要思想在于抽取数据低层规律，组成数据更高层的抽象表示，以发现数据的分布特征。Hinton 提出的方法成功地缓解了深度神经网络因层数增加而引起的梯度爆炸或梯度消失难题。随后 Bengiodeng 等利用自动编码机替代深度信念网的隐蔽层，并使用试验验证了深度神经网络的有效性。Matsugu 等进一步研究发现人类对信息的处理需要从多种感官输入中提取复杂结构并重

新构造内部表达，使得人类感知系统与语言系统都产生明显的层结构，这从仿生学的角度，为深度神经网络多层结构的有效性提供了理论参考。

自然语言处理应用渐渐成为深度学习研究中一热门课题，2013 年，跟随词向量 Word2Vec 的兴起，各种有关词的分布式特征研究遍地开花。2014 年研究者开始利用不同的深度神经网络方法，例如递归网络、循环网络和卷积网络，在包括句法结构分析、情感分析、词性自动标记等传统自然语言处理应用上获得突破性进展。2015 年后，深度学习模型开始在阅读理解、机器翻译、自动文摘、机器问答等自然语言处理领域得到应用，渐渐成为自然语言处理的重要方法。未来，深度学习方法将继续在自然语言处理领域发挥巨大作用。

在国内，将深度学习模型应用于自然语言处理的研究也吸引越来越多学者的关注。王明轩等提出了一个基于多层长短期记忆神经网络的语义角色自动标记方法，并装置了新颖的“直梯单元”。汪一百等针对自然语言理解中的文本相似度计算问题，提出了一种基于神经网络深度学习的词向量模型计算方法。张克君等引入注意力机制、门控循环结构、双向循环神经网络、多层循环神经网络和集束搜索，提高了生成式摘要任务的摘要准确性与语句流畅度。李枫林等发现，通过在神经网络模型中融入更多的特征能得到更优的词向量。Dong 等将自适应递归神经网络用于情感分析，清华大学自然语言处理实验室将深度学习模型应用于知识的分布式表示、关系抽取以及机器翻译，中国科学研究院、北京大学、哈尔滨工业大学、苏州大学、山西大学、华中师范大学等高校及研究院的自然语言组也对自然语言处理结合深度学习的研究做出了重要的贡献。

1.3 统计模型介绍

上面已经介绍了自然语言处理的许多理论和方法，笔者相信，语料库方法和统计语言模型是当前自然语言处理技术的主流方向之一，本书的主要内容也是研究基于统计的自然语言处理。在此，下面简单介绍几个在词性标注、汉语分词、句法分析中使用的统计模型。

(1)基于词的 N 元统计模型。

随着计算机技术的发展，数学模型已经渗透到计算机应用研究的各个领域，作为人工智能研究的分支，自然语言处理技术中也涉及数学模型或形式规则的问题。在自然语言处理的研究中，许多研究人员提出和使用了不少的数学模型，其中基于词的 N 元统计模型是最重要的模型之一。设 $w_1, w_2, \cdots, w_M$ 表示句子的词串，则 $P(w_1, w_2, \cdots, w_M)$ 可分解成条件概率的形式：

$$
\begin{aligned}
P(w) &= P(w_1, w_2, \cdots, w_M) \\
&= P(w_1)\prod_{i=2}^{M} P(w_i|w_1, w_2, \cdots, w_{i-1}) \\
&= P(w_1)\prod_{i=2}^{M} P(w_i|w_{i-N+1}, w_{i-N+2}, \cdots, w_{i-1}) \qquad (1-1)
\end{aligned}
$$

式(1-1)中的右边包含两个部分，$P(w_1)$ 为 w_1 的先验概率，这可以通过对大量语料中该词出现的频率简单统计获得；第二部分是条件概率 $P(w_i|w_1, w_2, \cdots, w_{i-1})$，已知前面 $i-1$ 个单词为 $(w_1, w_2, \cdots, w_{i-1})$ 时，下一个词为 w_i 的概率。从另一个方面来

看，计算这个概率就是进行统计预测，即已知前面若干个词，预测下一词可能是什么。为了使这种预测能够实现，通常需要一个假设，即某一个词出现的概率只依赖于它之前出现的 $N-1$ 个单词，这个假设即为马尔可夫假设。满足这个假设的模型称为 N 阶马尔可夫模型；而在语言模型里，称为 N 元模型。

(2)隐马尔可夫模型。

隐马尔可夫模型是一个五元组$(S, \boldsymbol{A}, V, \boldsymbol{B}, \Pi)$，其中 $S=\{s_1, \cdots, s_N\}$ 是状态集；$V=\{v_1, \cdots, v_M\}$ 是输出符号集合；

$\Pi=\{\pi_1, \cdots, \pi_N\}$ 是初始状态概率分布，其中 $1 \leqslant i \leqslant N$；

$\boldsymbol{A}=(a_{ij})_{N \times N}$ 是状态转移概率分布矩阵，其中

$$a_{ij}=P(q_{t+1}=s_j \mid q_t=s_i)$$

是从状态 s_i 转移到状态 s_j 的概率。

$\boldsymbol{B}=(b_{ik})_{N \times M}$ 是状态符号发射的概率分布矩阵，其中

$$b_{ik}=P(o_t=v_k \mid q_t=s_i) 1 \leqslant k \leqslant M,\ 1 \leqslant i \leqslant N$$

表示在状态 s_i 时输出符号 v_k 的概率。

这样，一个隐马尔可夫模型可以由五元组$(S, \boldsymbol{A}, V, \boldsymbol{B}, \Pi)$完整描述。在隐马尔可夫模型中，由于模型中对外表现出来的是观察向量序列 $O=\{o_1, o_2, \cdots\}$，内部状态序列 $Q=\{q_1, q_2, \cdots\}$ 不能直接观察得到，因此而称为“隐”马尔可夫模型。

隐马尔可夫模型(Hidden Markov Model, HMM)被公认为是语音识别领域中最成功的统计模型之一，词性标注是隐马尔可夫模型在自然语言处理中的另一个成功应用。

(3)概率上下文无关语法模型。

在统计句法分析模型中，最为典型的基于统计的方法是概率上下文无关语法模型(PCFG)，概率上下文无关语法是上下文无

关语法的一种扩展，一个概率上下文无关语法是一个四元组：

$$\text{PCFG } G = (V_N,\ V_T,\ N^s,\ P)$$

其中，V_N是非终结符号的集合，$V_N = \{N^1,\ N^2,\ \cdots,\ N^i,\ \cdots,\ N^n,\ N^s\}$；$V_T$ 是终结符号的集合，$V_T = \{w_1,\ w_2,\ \cdots,\ w_i,\ \cdots,\ w_V\}$；$N^s$ 是语法的开始符号；P 是一组带有概率信息的产生式集合，每条产生式形如 $[N^i \to \zeta^j,\ P(N^i \to \zeta^j)]$，$\zeta^j$是终结符号和非终结符号组成的符号串，$P(N^i \to \zeta^j)$是产生式的概率，并且有下式：

$$\sum_j P(N^i \to \zeta^j) = 1 \tag{1-2}$$

为了能使用附带了概率的规则进行语法分析，概率上下文无关语法三个假设：①位置无关性假设；②上下文无关假设；③祖先节点无关性假设。概率上下文无关语法具有形式简洁、参数空间小和分析效率高等特点，但它在分析中忽视消歧所必需的上下文相关信息，消歧能力十分有限。

(4)头驱动句法分析模型。

M. Collins 使用 Penn Treebank 所实现的头驱动的英语句法分析器是目前所知在相同的训练语料和测试集下获得的最好结果。Collins 的句法分析模型是一种词汇化模型，其基本思想是在上下文无关规则中引入每个短语的核心词信息。

模型中，非终结符形如 $X(x)$，其中 $x = \langle w,\ t \rangle$，$w$ 是短语对应核心词，t 是核心词的词性标记；终结符形如 $t(w)$，其中 w 为词，t 为词性：规则形如：

$$P(h) \to L_n(l_n) \cdots L_1(l_1) H(h) R_1(r_1) \cdots R_m(r_m) \tag{1-3}$$

其中，P 为非终结符；h 为核心节点所在短语的符号标记和词信息；L_i 为核心成分的左边成分；R_i 为核心成分右边成分。

头驱动的句法分析模型与 PCFG 模型最主要的区别在如下两

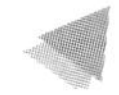

个方面：

1）在规则中引入核心节点的词汇信息；

2）将上下文无关规则进行分解，弱化了上下文无关规则的结构信息，结构信息通过当前节点在核心节点的左或右来体现。

引入词汇信息，无疑增加了句法分析的消歧能力，将上下文无关规则进行分解，一方面解决引入词汇信息所带来的数据稀疏问题，另一方面规则进行分解后可以重新组合出训练过程中未出现的上下文无关规则，也一定程度地解决了上下文无关规则的数据稀疏问题。

但进一步的实验显示，句法分析时，规则的结构信息所具有的消歧能力强于词汇信息所起的作用。与 PCFG 的对比实验显示，使用式(1-3)所构建的句法分析器效果不如 PCFG 模型。为此 Collins 在模型中增加了一个距离函数来补偿结构信息的缺失。距离信息考虑了三种情况：该成分前是否有成分；该成分前是否出现动词；该成分前是否出现有标点符号。

最终规则的概率评价函数为：

$$P_H(H|P,h)\times\prod_{i=1,n+1}P_L[L(l_i)|P,H,h,\Delta_l(i-1)]\times \prod_{i=1,m+1}P_R[R(r_i)|P,H,h,\Delta_r(i-1)]) \qquad (1-4)$$

头驱动句法分析模型加入词汇信息，提高了句法分析模型的歧义消解能力。但不可避免地又带来了数据稀疏问题，为此 Collins 采用回退法对数据进行平滑。在头驱动的句法分析模型中解决稀疏问题是提高句法分析性能的关键。

1.4 本书的主要研究内容

如何将语言知识与统计模型相结合是自然语言处理研究中的热点和难点问题。笔者一直在进行这方面的研究，研究的内容较为广泛，包括基于词类的 N 元统计模型、词性标注模型、句法分析统计模型等。

(1)在统计语言模型中，词聚类是解决数据稀疏性的重要方法之一。传统的统计聚类方法通常基于贪婪原理，以似然函数或语料的困惑程度为判别函数。该方法的主要缺点是聚类速度慢，初始值对聚类结果影响大，容易陷入局部最优。而我们提出的分层聚类算法基于词的相似度，词集合的相似度，自下而上，能得到全局最优的结果。其计算复杂度远远小于传统的基于贪婪原则的聚类方法，以相对非常小的计算代价获得了相对较好的聚类效果。我们希望此方法在充分利用语料的统计知识的基础上，能尽量靠近专家所建立的汉语词的语义分类体系，反映其层次结构。本文中所介绍的方法就是围绕这一想法构造的，实验证明聚类效果明显好于传统的聚类算法。

(2)本书给出了两种词相似度定义：一种定义在有邻接关系的词之间的互信息基础上；另一种将语言知识与统计方法结合起来，定义在有语义、语法依存关系的词之间的互信息基础上。这两种定义可根据实际使用进行选择。

(3)基于词类的 N-gram 模型牺牲了一部分预测能力。因为类的数量远远少于单词的数量，所以我们可以通过适当增加 N 的

值来提高系统性能。但该方法也存在一些不足：模型参数随 N 指数增加，大大增加了系统的存储和计算开销，同时也带来了新的数据稀疏问题。为了解决这个问题，本章提出了一种绝对权重差分算法，并用该方法构造了可变长度语言模型，具有很好的可预测性。

(4)隐马尔可夫模型在用于标注时做了三个基本假设：1)马尔可夫性假设；2)不动性假设；3)输出独立性假设，即输出(词的出现)概率仅与当前状态(词性标记)有关。但是这些假定，尤其第三个假定太粗糙。本文首次提出了一种统计模型，即马尔可夫族模型。

令 s_i，$1\leqslant i\leqslant m$ 表示第 i 种状态的有限集合，$\{\vec{X}_t\}_{t\geqslant 1}=\{X_{1t},\cdots,X_{mt}\}_{t\geqslant 1}$ 是 m 维随机向量，其中它的成分变量 $X_i=\{X_{it}\}_{t\geqslant 1}$，$1\leqslant i\leqslant m$ 取值于状态集 S_i。我们说这些成分变量 X_i，$1\leqslant i\leqslant m$ 构成马尔可夫族模型，如果它们满足式(1-5)、式(1-6)：

1)每一个成分变量 X_i，$1\leqslant i\leqslant m$ 都是一 n_i 阶马尔可夫链：

$$P(X_{it}\mid X_{i1},\cdots,X_{i(t-1)})=P(X_{it}\mid X_{i(t-n_i)},\cdots,X_{i(t-1)})\quad(1-5)$$

2)任意一个状态的出现概率只与同一种状态的前面状态和同一时刻的其他不同种状态有关：

$$\begin{aligned}P(X_{it}\mid X_{11},\cdots,X_{i1},\cdots,X_{m1},\cdots,X_{1(t-1)},\cdots,X_{i(t-1)},\cdots,X_{m(t-1)},X_{1t},\cdots,X_{mt})\\=P(X_{it}\mid X_{i(t-n_i)},\cdots,X_{i(t-1)},X_{1t},\cdots,X_{mt})\qquad(1-6)\end{aligned}$$

我们假定一个词出现的概率既与它的词性标记有关，也与前面的词有关，但该词的词性标记与该词前面的词关于该词条件独立(即在该词已知条件下是独立的)，在上面假设下，将马尔可夫族模型进行简化，可成功用于词性标注。实验结果表明：在相同的测试条件下，基于马尔可夫族模型的词性标注方法的相比常规的基于隐马尔可夫模型的词性标注方法大大提高了标注准确率。在其他自然语言处理技术领域中(如分词、句法分析、语音识别等)，马尔可夫族模型也是非常有用的。

(5)近年来，融入语义等语言方面知识的统计句法分析模型成为研究热点，这也可能是句法分析获得突破的一个关键。但如何引入，引入哪些知识，怎样将语言学知识与统计模型融合起来是十分困难的问题。笔者一直在进行这方面的研究，并建立了一种充分利用语义、语法等语言知识，同时考虑了邻接等上下文关系的统计模型。在该模型中很好地解决了由上下文无关假设和祖先节点无关假设在概率上下文无关文法中引起的问题。与柯林斯的头驱动句法分析模型相比，该模型还有几个明显的优点：1)词性标注不仅要考虑句子中的语法依赖关系，还要考虑相邻关系词的词性标注之间的关系；2)该模型基于词聚类，数据稀疏性问题不严重；3)该模型可以同时考虑多个语义依赖。该统计模型在用于句法分析的同时，还能进行词性标注、分词等工作。

(6)本书成功地建立了一种新颖的句法分析模型，该句法分析模型基于规则与统计方法相结合，将语法、语义、语用等语言学知识融入句法分析中：首先根据语法、语用知识对句法结构进行层次分析并根据语用知识分析它们的排列顺序，然后还要考虑结构(短语或句法成分)中的词之间的语义依存关系。

该句法分析模型是一个模型框架，具有规则和统计相结合，多个统计模型相结合的特点。该句法分析模型利用层次分析的思想，在层次分析的不同阶段，根据不同的语法、语义、语用特性采用不同的方法和不同的统计模型来解决问题。句法分析要考虑

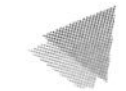

语法、语义、语用等诸多语言特性，是分词、词性标注等许多自然语言处理基础技术的综合运用，同时又是语音识别、机器翻译等自然语言处理应用技术的基础，因此，句法分析在自然语言处理技术中处于核心地位，其难度也是相当大的，该模型提出了关于句法分析的新思想、新方法，需要解决的问题较多，还只是一个模型框架，有一些工作有待进一步去完成。

2　基于词类的语言模型和聚类算法

作为人工智能研究的分支，计算语言学研究的对象是自然语言。对自然语言的文本进行分词、词性标注、句法标注、语义标注和机器翻译的过程，从本质上说都是从一种符号串到另一种符号串的映射过程，随着计算机技术的发展，数学模型已经渗透到计算机应用研究的各个领域。自然语言处理技术中也涉及数学模型或形式规则的问题。对映射规律进行数学描述——建立语言模型是实现这种映射的核心问题。早期的自然语言处理系统中的映射是由规则实现的，而规则是语言学家手工编写的。早期的规则系统面对大规模真实文本束手无策的原因在于语言学家编写的有限的规则不能够全面、准确地描写输入符号串到输出符号串的映射。在这种情况下，语料库语言学应运而生，从而使基于语料库来建立适用不同目标任务的较精确的语言模型成为可能。

常用的语言模型可以概括为三类：(1) N 元模型及隐马尔可夫模型等统计语言模型；(2) 基于分布理论的模型；(3) 基于规则的模型。基于语料库的建模过程就是对语言模型的参数进行求解的过程。基于语料库的统计语言模型是当前自然语言处理技术的主流方向之一，统计语言模型已经成功应用于语言识别、拼写纠正、机器翻译、信息检索等许多自然语言处理领域，其中基于词

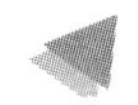

的 N 元统计模型是最重要的统计语言模型之一。N 元统计模型根据词序列中的前 $N-1$ 个词预测后一个词发生的概率。

2.1 基于词的 N 元统计模型

设变量 W 代表一个文本中顺序排列的 M 个词，即 $W=w_1$，w_2，…，w_M，从语言的角度来看，联合概率 $P(w_1, w_2, \cdots, w_M)$ 就是某种语言按次序产生出词串 $W=w_1, w_2, \cdots, w_M$ 的概率，这个概率反映了这个词串在该语言中的使用情况，大的概率表明该词串经常在一起使用，而小的概率则表明该词串不常在一起使用。从这种叙述中也可以看到从统计的角度看语言现象与前述规则方法的不同，在规则方法中，我们不使用表示频度的副词“常，不常”等，而是该句子“合”或“不合”语法。$P(w_1, w_2, \cdots, w_M)$ 通常是不可知的，需要统计估计。

2.1.1 N 元统计模型的概念

把 $P(w_1, w_2, \cdots, w_M)$ 分解成条件概率的形式：

$$P(W)=P(w_1,w_2,\cdots,w_M)=P(w_1)\prod_{i=2}^{M}P(w_i|w_1,w_2,\cdots,w_{i-1}) \tag{2-1}$$

式(2-1)中的右边包含两个部分，$P(w_1)$ 为 w_1 的先验概率，这可以通过对大量语料中该词出现的频率简单统计获得；第二部分是条件概率 $P(w_i|w_1, w_2, \cdots, w_{i-1})$，已知前面 $i-1$ 个单词为 $(w_1, w_2, \cdots, w_{i-1})$ 时，下一个词为 w_i 的概率。从另一个方面来

看，计算这个概率就是进行统计预测，即已知前面若干个词，预测下一词可能是什么。为了使这种预测成为可能，通常需要一个假设，即某个单词的概率仅取决于它前面出现的 $N-1$ 个单词，这个假说就是马尔可夫假说。满足这个假设的模型被称为 $N-1$ 阶马尔可夫模型；在语言模型中，它被称为 N 元模型。即满足式(2-2)、式(2-3)：

$$P(w_i|w_1, w_2, \cdots, w_{i-1}) = P(w_i|w_{i-N+1}, w_{i-N+2}, \cdots, w_{i-1}) \tag{2-2}$$

则

$$P(w_1, w_2, \cdots, w_M) = P(w_1) \prod_{i=2}^{M} P(w_i|w_{i-N+1}, w_{i-N+2}, \cdots, w_{i-1}) \tag{2-3}$$

从语言学的角度来看，这个假设是可用的。例如，看如下的一个词串：

我吃了一个红__________。

在词“红”的后面可能会是什么词呢？它受词“红”的制约，因此不太可能是“香蕉”，因为，香蕉通常并不是红的，即概率 P(香蕉|红)的值很小。它也受到前面的“一个”的制约，因此不太可能是“糖水”，因为通常糖水不说“一个”，即概率 P(糖水|一个，红)的值很小。它还受到更前面的“吃”的制约，概率 P(桌子|吃了，一个，红)的值很小，因此不太可能是“桌子”。而是“苹果”的可能性就比较大。

利用这个例子，还要说明两个问题：

其一，上述例子中最后一个词出现的可能性大小依赖前面的 3 个词。即在 N 元模型中，$N=4$，模型称为 4 元模型。类似地，

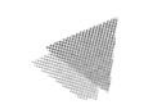

如果只依赖前面的 1 个词，就是 2 元模型；依赖前面的 2 个词，就是 3 元模型。

其二，很显然，利用前面较多的词来选择后面要出现的词，与只利用前面一个词来选择后面的词相比，准确性要高。但是，这种准确性的提高需要付出计算量的代价。在上例中，为了进行可能性的比较，还需要知道一些条件概率。在 2 元模型中，需要知道所有 2 个词之间的 $P(\cdot|\cdot)$；而在 3 元模型中，需要知道所有 3 个词之间的 $P(\cdot|\cdot,\cdot)$，以此类推。若假设某种语言中有词 1000 个，则在几种模型中需要知道的条件概率的数目如表 2-1 所示。

表 2-1 语言模型中的参数估计数量

模型	需要知道的条件概率的数量
1 元模型	1000
2 元模型（1 阶模型）	1000^2 = 100 万
3 元模型（2 阶模型）	1000^3 = 10 亿
4 元模型（3 阶模型）	1000^4 = 10000 亿
⋮	⋮

这些条件概率是模型需要利用已有语料估计的参数。从表 2-1 中可以看到，为了得到更高的准确性，从 2 元模型到 3 元模型需要增加很多的参数估计量，在词表更大时，这种增幅更大。除了估计量的大幅增加，高阶模型的参数估计问题也比低阶模型的要复杂，从而降低估计值的可靠性，这反而会对预测的性能起反面的

影响。

事实上，从表 2-1 可以看到，即使对于低阶模型，当词表较大时，需要的估计量也是十分大的。并且，在利用一定的语料进行估计时，仍然会出现数据稀疏等影响参数估计性能的问题。

2.1.2 参数估计与平滑

本节介绍 N 元模型中条件概率的估计。利用语料数据中词汇同现的相对频率即可以得到条件概率的极大似然估计，如：

$$P(w_i|w_{i-N+1}, \cdots, w_{i-1}) = \frac{N(w_{i-N+1}, \cdots, w_{i-1}, w_i)}{N(w_{i-N+1}, \cdots, w_{i-1})} \quad (2-4)$$

其中，$N(w_{i-N+1}, w_{i-N+2}, \cdots, w_{i-1}, w_i)$ 是在训练语料中词串 $w_{i-N+1}, \cdots, w_{i-1}, w_i$ 出现的频次。

对于 1 元模型，每个单词的出现概率由下式计算：

$$P(w_i) = \frac{N(w_i)}{\sum_{j=1}^{|v|} N(w_j)} \quad (2-5)$$

对于 2 元模型，则由下式计算：

$$P(w_i|w_j) = \frac{N(w_j, w_i)}{N(w_j)} \quad (2-6)$$

从上面的估计式中可以看到，那些没有在训练语料中出现的词串估计量为 0。这样，在利用式(2-4)计算包含该子串的某个词串的概率时，整个词串的出现概率也为 0，即使该词串中包含其他具有较高概率的子串。从实际的语言现象来看，这是一个很严重的缺陷。因为对于任何一种语言，通常只有部分常用词经常使用，这些词在一般的训练语料中出现的频次都比较高；而另外有大量的是不常用的词，这些词同时出现的情况会更少。因此，

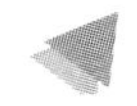

对于一个确定的训练语料，即使规模相当大，也会有大量的词串没有同时出现，这就不可避免地会出现大量的估计值为 0 的条件概率（并且，出现频次不为 0 但也比较低的那些词串用上述极大似然方法来估计也不好），这就是所谓的数据稀疏问题。

已有很多的研究表明，数据稀疏问题是十分严重的。例如，1983 年，Bahal 从英语的 IBM 激光专利文献语料库中抽取了 150 万词的语料作为训练语料进行 3 元模型的参数估计后，再用于来自相同语料库的语料分析，发现有 23%的 3 元词串没有在训练语料中出现过。这样的训练语料规模从现在来看的确是小了，因此，人们希望通过增加语料的规模来解决数据稀疏问题。增加语料的规模显然能增加新的词串，对于解决数据稀疏问题是有帮助的。但是，实践证明，仅仅通过简单地增加语料规模是不可能完全克服这一问题的。Essen 和 Steinbiss 在 1992 年把含百万个词的 LOB 语料的 75%用来作训练语料，25%作测试用，结果发现在测试语料中有 12%的 2 元词串没有在训练语料中出现过。Brown 和 Dellapietra 等在 1992 年使用含 366 百万个英语词的样本训练后，在新的样本材料中仍发现了 14.7%的新 3 元词串。事实上，无论多么大的语料规模，它也只是包含有限的语言现象，包含了有限的词串同现情况，而语言的生成能力是无限的。尤其对于那些出现频率低的词（这些词在各种语言中都占词表的很大部分），不可能在有限的语料中把它们的所有同现情况都收集到。为此，人们在扩大语料规模的同时，也从估计方法本身入手采用了一些避免 0 概率的方法，这些方法通称为统计平滑技术。这些方法多是基于这样的原则：适当减少训练语料中出现了的词串的概率，而把减少的那部分概率赋给在训练语料中没有出现的词串。从词的条件概率曲线来看，这样的操作通常会使曲线更加平滑一些。平滑因此而得名。

下式称为 Laplace 平滑，是最早采用的平滑技术：

$$P(w_i|w_{i-n+1}, \cdots, w_{i-1}) = \frac{N(w_{i-n+1}, \cdots, w_{i-1}, w_i)+1}{N(w_{i-n+1}, \cdots, w_{i-1})+B} \tag{2-7}$$

式(2-7)中，在极大似然估计的基础上分子加了 1，这就能保证即使词串 w_1，…，w_i 没有在训练语料中出现，相应的条件概率也不会为 0；B 为词表大小相当的量。

分析表明，估计式(2-7)虽然只为未出现词串加了 1 次，但给未出现词串增加的总概率太多了。Church 和 Gale 在 1991 年报告了一个把 46.5%的概率空间分配给了未出现词串的实验结果。为此，一个更常采用的方法是 Lidstone 平滑，如下式：

$$P(w_i|w_{i-n+1}, \cdots, w_{i-1}) = \frac{N(w_{i-n+1}, \cdots, w_{i-1}, w_i)+\lambda}{N(w_{i-n+1}, \cdots, w_{i-1})+B\lambda} \tag{2-8}$$

式中：λ 是取值 0~1 之间的参数($\lambda=0$ 时回到极大似然估计，$\lambda=1$ 时回到了 Laplace 平滑)。能过调整 λ，估计式(2-8)可以有效缓解式(2-7)的问题。但是，实际应用中，λ 的确定还没有什么好的办法。此外，若令

$$\mu = \frac{N(w_{i-n+1}, \cdots, w_{i-1})}{N(w_{i-n+1}, \cdots, w_{i-1})+B\lambda}$$

则式(2-8)可变为：

$$P(w_i|w_{i-n+1}, \cdots, w_{i-1}) = \mu\frac{N(w_{i-n+1}, \cdots, w_{i-1}, w_i)}{N(w_{i-n+1}, \cdots, w_{i-1})}+(1-\mu)\frac{1}{B} \tag{2-9}$$

式(2-9)表明 Lidstone 估计与极大似然估计具有线性关系。此外还有其他的一些平滑技术，如 Good-Turing 平滑、插值平滑技术等。

2.1.3 语言模型的评估

显然，一个语言模型的性能(质量)可以通过其在语言处理系统的最终表现来评估，比如用于词预测功能时，预测的错误率越低则模型越好。但是，通常，由于完整的语言处理系统涉及的语言处理任务较多，各种处理之间的相互影响，具有很大的复杂性。因此，常采用其他一些度量来评估语言模型，这主要是一些信息论中关于熵的量。语言模型的复杂度 P(perplexity)是其中经常使用的一个量。下面介绍复杂度。模型的复杂度(又称困惑度)P_w 是测试集概率分布几何平均的倒数，定义如式(2-10)：

$$P_w = 2^{-\frac{1}{N_W}\sum_{i=1}^{N_w} \lg_2 P(w_i | w_{i-2} w_{i-1})} \tag{2-10}$$

其中 N_w 是测试集中全部词的数量。对一个模型来说，困惑度越低，则模型显然更好。

复杂度的含义，粗略地说，是对模型选择下一个词的范围大小的度量。例如，对于一个语音识别系统，复杂度表示的就是识别器每次将在多大的一个词集合中选择下一个词。显然，复杂度越大，识别器的识别难度就越大。复杂度比简单地用词表大小衡量识别难度要更为可靠。

从复杂度的定义可以看到，语言模型的复杂度依赖于用于评估它的语言数据。在训练语料上具有小的复杂度只表明语言模型对训练语料具有好的逼近能力，但是，目前并不能够保证在测试集上一定有小的值。如果在训练集上复杂度很小，但是在测试集上较大，说明语言模型的推广能力差，并称语言模型被过训练。一般，越是复杂的语言模型，由于逼近能力强，比较容易出现过训练的问题。

反之，由于复杂度依赖于语言数据，也可以利用同一个语言模型在不同测试集上的复杂度来评估语言数据的复杂度。

对于两种语言模型的比较，很显然，为保证不同语言模型比较的客观性，就应该要求两个模型必须在相同的训练集上训练，在相同的测试集合上测试。

2.2 基于词类的 *N* 元统计模型

N-gram 模型根据单词序列中的前 $n-1$ 个单词预测下一个单词的出现概率。通常 *N*-gram 模型需要很大的训练语料，构造 *N* 元模型时面临两个问题：一是系统开销问题，随着语料库的不断扩充，模型的规模也急剧膨胀，使现有硬件资源难以承受；二是对特定领域来说，会遇到数据稀疏问题，特定领域的大量语料不易得到，但即使训练语料多么庞大，也无法覆盖所有的语言现象，因此，在语言模型的实际使用中，不可避免地会遇到大量从未遇到的语言现象，如何估计这些语言现象的出现概率，是现有 *N*-gram 模型的主要问题之一。

基于词类的语言模型是解决数据稀疏问题的主要方法之一。基于词类的 *N* 元统计模型比基于词的 *N* 元统计模型能更好地估计一个词串的概率。所谓词聚类就是根据需要把具有相似特点的

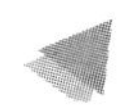

词分为若干类，这些类成为一个新的词表，每一类都是新词表中的一个词。在计算频次时，同一类中的所有原词表中的词均视为新词表中的同一个词。设词表 V，聚类 π 把 V 中的词映射到 C，$|V| \geqslant |C|$。对 $\forall w_i \in V$ 都存在 $c_i \in C$（这里，为了描述的方便，V 和 C 中的元素用了相同的指标，但是通常 V 到 C 的映射是多于 1 的，并不会一一对应，下式也是如此），使 $\pi(w_i) = c_j$。并且对 $1 \leqslant k \leqslant n$ 满足

$$P(w_k | w_1, \cdots, w_{k-1}) = P(w_k | c_k) P(c_k | c_1, \cdots, c_{k-1})$$

这样，由于 $|V| \geqslant |C|$，所以语言模型的参数规模降低了。但是，这种参数规模的下降是有损失的。正如 Brown 所述，“星期五”和“星期四”可以归入一类，但是，二者之间在使用上还是有差别的。而一旦归入一类后，其间的差别将不可见。一个好的聚类，应该使信息损失在某种度量下最小。而一个好的基于词聚类的语言模型的质量，就取决于聚类的质量。

由于类的数量远远小于汉语中词的数量，因此基于类的 N 元模型大大缓解了基于词的模型所遇到的数据稀疏问题。更进一步，因为类的数量少，传得我们统计 N 大于 3 的高阶模型成为可能。

例如，基于词类的 3 元模型，其计算如下：

$$P(w_i | w_{i-2} w_{i-1}) = P(w_i | c_i) P(c_i | c_{i-2} c_{i-1}) \tag{2-11}$$

式(2-11)右边中的条件概率 $P(w_i | c_i)$（词在给定词类条件下）和 $P(c_i | c_{i-2} c_{i-1})$（词类在给定它前面的两个词类条件下）可以使用极大似然估计方法计算。

$$P(w_i | c_i) = \frac{N(w_i)}{N(c_i)}$$

$$P(c_i|c_{i-2}c_{i-1})=\frac{N(c_{i-2}c_{i-1}c_i)}{N(c_{i-2}c_{i-1})}$$

在实际使用中，如式(2-12)对基于词的 N 元模型和基于词类的 N 元模型进行线性插值，可以减少模型的复杂度。

$$\lambda P(w_i|w_{i-2},w_{i-1})=(1-\lambda)P(w_i|C_i)\times P(C_i|C_{i-2},C_{i-1}) \tag{2-12}$$

式(2-11)是传统的基于词类的语言模型，除此而外还有一些其他的使用词类的模型。以 3 元模型为例，考虑条件概率 $P(w_3|w_1w_2)$，w_3 是要预测的词，称为预测词；w_1 和 w_2 是上下文中用于预测的词，即为条件词。预测词或条件词可以用词类来代替，这样基于词类的 N 元模型就有三种基本形式：

$$P(w_i|w_{i-2}w_{i-1})=P(w_i|w_{i-2}w_{i-1}c_i)\times P(c_i|w_{i-2}w_{i-1}) \tag{2-13}$$

$$P(w_i|w_{i-2}w_{i-1})=P(w_i|c_{i-2}c_{i-1}) \tag{2-14}$$

$$P(w_i|w_{i-2}w_{i-1})=P(w_i|c_{i-2}c_{i-1}c_i)\times P(c_i|c_{i-2}c_{i-1}) \tag{2-15}$$

式(2-13)中，使用词类作为预测词，称为预测聚类；而在式(2-14)中，则使用词类作为条件词，称为条件聚类；我们也可以同时使用词类作为预测词和条件词，如式(2-15)，则称为组合聚类。下面举例说明这三种模型。

2.2.1 预测聚类

考虑条件概率 P(Tuesday|party on)，也许训练语料中不会出现短语“party on Tuesday”，但其他短语如“party on Wednesday”和“party on Friday”在训练语料中出现。如果我们将词归类，如将词“Tuesday”归到词类“WEEKDAY”，则可以分解条件概率 P

(Tuesday | party on) 如下：

$P(\text{Tuesday} \mid \text{party on}) = P(\text{WEEKDAY} \mid \text{party on}) \times P(\text{Tuesday} \mid \text{party on WEEKDAY})$

如果每一个词只属于一个词类，则上面的分解式是严格的等式。证明如下：

$$
\begin{aligned}
& P(C_i \mid w_{i-2}w_{i-1}) \times P(w_i \mid w_{i-2}w_{i-1}C_i) \\
&= \frac{P(w_{i-2}w_{i-1}C_i)}{P(w_{i-2}w_{i-1})} \times \frac{P(w_{i-2}w_{i-1}C_iw_i)}{P(w_{i-2}w_{i-1}C_i)} \\
&= \frac{P(w_{i-2}w_{i-1}C_iw_i)}{P(w_{i-2}w_{i-1})}
\end{aligned}
\tag{2-16}
$$

由于每一个词只属于一个词类，即 $P(c_i \mid w_i) = 1$，因而

$$
\begin{aligned}
P(w_{i-2}w_{i-1}C_iw_i) &= P(w_{i-2}w_{i-1}w_i) \times P(C_i \mid w_{i-2}w_{i-1}w_i) \\
&= P(w_{i-2}w_{i-1}w_i) \times P(C_i \mid w_i) \\
&= P(w_{i-2}w_{i-1}w_i)
\end{aligned}
\tag{2-17}
$$

将式(2-17)代入式(2-16)，有：

$$
\begin{aligned}
P(C_i \mid w_{i-2}w_{i-1}) \times P(w_i \mid w_{i-2}w_{i-1}C_i) &= \frac{P(w_{i-2}w_{i-1}w_i)}{P(w_{i-2}w_{i-1})} \\
&= P(w_i \mid w_{i-2}w_{i-1})
\end{aligned}
\tag{2-18}
$$

从该例子可以看到这种聚类模型能够较好地解决数据稀疏问题。

2.2.2 条件聚类

将条件词归类，如将“party”归于词类 EVENT，“on”归于词类 PREPOSITION，则有：

$P(\text{Tuesday} \mid \text{party on}) \approx P(\text{Tuesday} \mid \text{EVENT PREPOSITION})$

这种聚类称为条件聚类，式(2-14)是其一般形式。

2.2.3 组合聚类

将预测聚类和条件聚类组合，即有：

$P(\text{Tuesday} \mid \text{party on}) = P(\text{WEEKDAY} \mid \text{EVENT PREPOSITION}) \times P(\text{Tuesday} \mid \text{EVENT PREPOSITION WEEKDAY})$

这种聚类称为组合聚类，式(2-15)是其一般形式。在一些应用中，使用组合模型要比单独使用预测聚类或条件聚类更好。而且如果采用近似式 $P(w_i \mid c_{i-2}c_{i-1}c_i) = 1$，即可得到 IBM 使用的模型：

$$P(\text{Tuesday} \mid \text{party on}) \approx P(\text{WEEKDAY} \mid \text{EVENT PREPOSITION}) \times P(\text{Tuesday} \mid \text{WEEKDAY})$$

由于 IBM 模型相对组合聚类模型采用了近似式，因而使用组合聚类模型的效果要比使用 IBM 模型的效果好。

2.3 聚类算法

传统的词的分类是由语言学家通过对自然语言的分析和研究由人工的方式得出的。例如，朱德熙先生将汉语词汇分为 22 大类；陈群秀等就建立汉语语义分类体系的标准进行了论证，这种分类体系表现为一种树状结构。专家聚类的结果能反映词之间的语法和语义关联，反映明确的语言学知识。但是，专家聚类所需要的浩大的工作量是很难承受的。另外，它更多地体现了专家的语言学知识，现在由于计算机科学的发展，大规模的文本语料已

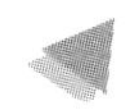

成为语言学研究的强有力的工具，基于专家的聚类方法不能充分运用从语料库中获取的大量统计知识。

基于统计方法的自动聚类为我们提供了一种新的思路。自动聚类通常是基于大规模真实语料，聚类算法有很多种，但可归结为两种基本类型：层次聚类与非层次聚类。非层次聚类只是简单地包括了每类的数量，类与类之间的关系不确定。层次聚类的每一个节点是其父节点的一个子类，叶节点对应的是类别中每个单独的对象，常用算法有：自下向上与自上向下（凝聚与分裂）。本文将介绍一种较好的聚类算法。

该聚类算法采用的基本标准是最小化熵，为了加快聚类速度采用自上而下方法（我们注意到，通常的聚类算法自下而上不断合并词类，需要的时间可能远比自上而下的分裂算法多）。分裂算法不停地将词类分成更小的词类，词类之间层次逐渐增加，形成树状结构。在分裂一个类时，首先任意选择几个词，将其分成两类，然后两类之间不停交换词，直到熵不停下降，收敛为止（不再减少），再增添一些词（通常增加为原来的$\sqrt{2}$倍），将这些词分到原来的两个词类中，再在两个集合间交换直到熵收敛。这个过程一直持续下去直到当前词类中的所有词都被分到新的两个词类中。

令 v 表示词表中的词，W 表示这个词可能被分到的类，我们的目的是最小化：

$$\sum_{v} C(wv)\lg P[(v|W)]$$

最小化过程中的内循环考虑的是将一个词 x 增加到词类 W（或从该类去掉）引起的熵的变化。表面上这个和的重新计算似乎与词表的规模成比例。实际上令这个新的词类 $W+x$ 表示为 X：

$$\sum_{v} C(Xv)\lg P(v|X)=\sum_{v|C(xv)\neq 0} C(Xv)\lg P(v|X)+\sum_{v|C(xv)=0} C(Xv)\lg P(v|X) \tag{2-19}$$

式(2-19)中的第一个和式的计算与 x 后接的不同词的数目成比例，能够很快地计算，第二个和式需要进行转化：

$$\begin{aligned}\sum_{v|C(xv)=0} C(Xv)\lg P(v|X) &= \sum_{v|C(xv)=0} C(Wv)\lg\left\{P(v|W)\frac{C(W)}{C(X)}\right\} \\ &= \sum_{v|C(xv)=0} C(Wv)\lg P(v|W)+\left\{\lg\frac{C(W)}{C(X)}\right\}\sum_{v|C(xv)=0} C(Wv)\end{aligned} \tag{2-20}$$

注意到：

$$\sum_{v|C(xv)=0} C(Wv)\lg P(v|W)=\sum_{v} C(Wv)\lg P(v|W)-\sum_{v|C(xv)\neq 0} C(Wv)\lg P(v|W) \tag{2-21}$$

而且

$$\sum_{v|C(xv)=0} C(Wv)=\left\{C(W)-\sum_{v|C(xv)\neq 0} C(Wv)\right\} \tag{2-22}$$

将式(2-20)、式(2-21)、式(2-22)代入式(2-19)，可得式(2-23)：

$$\begin{aligned}\sum_{v|C(xv)=0} C(Xv)\lg P(v|X) &= \sum_{v} C(Wv)\lg P(v|W)- \\ &\sum_{v|C(xv)\neq 0} C(Wv)\lg P(v|W)+\left\{\lg\frac{C(W)}{C(X)}\right\}\left\{C(W)-\sum_{v|C(xv)\neq 0} C(Wv)\right\}\end{aligned} \tag{2-23}$$

注意到 $\sum_{v} C(Wv)\lg P(v|W)$ 刚好是原来未添加 x 时的熵，假定我们已经预计算(或者是已经记录下)这个值，则其他的和式

只需对那些 $C(xv)>0$ 的词求和(这在大多数情况下，其数目远比词表规模要小)。

2.4　基于词相似度的层次聚类

传统的统计聚类方法通常基于贪婪原理，以语料库的似然函数或困惑度作为判别函数。这种传统方法的主要缺点是聚类速度慢，初始值对结果影响很大，并且容易陷入局部最优。我们提出的分层聚类算法是基于单词和单词集的相似性，从下到上，可以得到全局最优结果。该算法的计算复杂度比传统的贪婪聚类方法小得多，并且聚类效果相对较好，而计算成本却相对较低。我们希望我们的方法能够充分利用语料库的统计知识，尝试采用专家建立的汉字语义分类系统，并反映其层次结构。本文所介绍的方法就是围绕这一想法构造的。实验证明该算法聚类效果明显比传统的聚类算法好。

2.4.1　词的相似度

与上面方法不同，我们提出的聚集词类方法基于词间相似度，因此首先要找到一种可靠的、适于计算的词与词间相似度的定量标准。基于语料库的统计方法通常认为一个词的意义与其所处的上下文中出现的其他词有关，也即语言环境有关。如果两个词在语料库中所处的语言环境总是非常相似，我们就可以认为这两个词彼此非常相似。

假定词 w_1 与词 w_2 相似，则可推断这两个词与其他词的互信息也是相似的，现在我们可以定义两个词 w_1，w_2 之间的相似度如下：

$$\text{sim}(w_1, w_2) = \frac{\sum_w P(w)\{\min[I(w, w_1), I(w, w_2)] + \min[I(w_1, w), I(w_2, w)]\}}{\sum_w P(w)\{\max[I(w, w_1), I(w, w_2)] + \max[I(w_1, w), I(w_2, w)]\}} \tag{2-24}$$

其中 $I(w_i, w_j)$ 为相邻词对 w_i，w_j 之间的互信息：

$$I(w_i, w_j) = \lg \frac{p(w_i, w_j)}{p(w_i)p(w_j)}$$

式中：$p(w_i)$，$p(w_j)$分别为词 w_1 和 w_2 在训练语料出现的概率，$p(w_i, w_j)$是联合概率，由式(2-24)知，w_1，w_2 与它们的左右近邻之间互信息差别越小，两词的相似度也越高，因此这种定义是合理的。更进一步，我们可以如式(2-25)、式(2-26)定义两个词之间的左相似度和右相似度：

$$\text{sim}_{\text{L}}(w_1, w_2) = \frac{\sum_w P(w)\min[I(w_1, w), I(w_2, w)]}{\sum_w P(w)\max[I(w_1, w), I(w_2, w)]} \tag{2-25}$$

$$\text{sim}_{\text{R}}(w_1, w_2) = \frac{\sum_w P(w)\min[I(w, w_1), I(w, w_2)]}{\sum_w P(w)\max[I(w, w_1), I(w, w_2)]} \tag{2-26}$$

基于词相似度，词类 c_1，c_2 之间的相似度定义如下式：

$$\mathrm{sim}(c_1, c_2)=\frac{\sum\limits_{w_i\in c_1, w_j\in c_2} C(w_i)C(w_j)\mathrm{sim}(w_i, w_j)}{\sum\limits_{w_i\in c_1} C(w_i)\sum\limits_{w_j\in c_2} C(w_j)} \tag{2-27}$$

式中：$C(w_i)$和$C(w_j)$分别表示词w_i与w_j在语料中出现的数量，类似地可以定义词类之间的左相似度和右相似度。

2.4.2 聚类算法

整个算法的流程为：

(1)计算词对之间的相似度。

(2)初始化，词表中的每个词各代表一类，共N类(N为词表中词的数量)。

(3)找出具有最大相似度的两个词类，将这两个词类合并成一个新的词类。

(4)计算刚合并词类与其他词类的相似度。

(5)检查是否达到结束条件(词类之间最大相似度小于某个预先决定的门槛值，或是词类的数目达到了要求)，是，程序结束；否则，转流程(3)。

在上节(2.4.1)已经提到，相似度定量标准有三种形式：相似度、左相似度和右相似度，根据这三种定量标准可以得到三种不同的聚类结果，不同的聚类结果可以用于不同的基于词类的语言模型：

(1)按照式(2-28)在组合聚类模型中使用相似度：

$$P(w_i|w_jw_k)=P(w_i|c_jc_kc_l)P(c_i|c_jc_k) \tag{2-28}$$

(2)按照式(2-29)在条件聚类模型中使用左相似度：

$$P(w_i|w_jw_k)=P(w_i|c_jc_k) \tag{2-29}$$

(3)按照式(2-30)在预测聚类模型中使用右相似度：

$$P(w_i|w_jw_k)=P(w_i|w_jw_kc_i)P(c_i|w_jw_k) \tag{2-30}$$

式中：c_i 表示词 w_i 属于的类。

2.4.3 聚类算法实验结果

现在从聚类结果中随意选择若干词类，结果如下：

类1：湛江，博德，合肥，巴格达，长沙，北京，上海

类2：两样，平等，雷同，平，抗衡，异口同声，异曲同工，同一，一模一样，相等，一致，一律，一如，相同，一例，一样，势均力敌，一色，同时，同样，一如既往，不等，大同小异，对等，等于，不相上下

类3：不比，不同，相左，悬殊，莫衷一是

类4：近似，如同，接近，如下，例如，类似，譬如，恰似，类，貌似，似，有如，形似，相近，宛如，相似，犹，犹如，似乎，相仿，一般，似的，好似，比如，好像，般，仿佛

类5：大，后来居上，超出，超越，胜，压倒

类6：相形见绌，望尘莫及，逊色，设有，不及

2.5 可变长的语言模型

基于词类的 N-gram 模型已经被证明是一种能有效解决基于词的模型所存在的数据稀疏问题的方法，但该方法牺牲了一部分预测能力。由于词类的数目远小于词的数目，因此可以适当地增加 N 的值以提高系统性能。但是，这种方法也有一些缺点：随着

 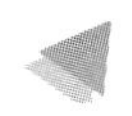

N 指数模型参数的增加，极大地增加了存储和计算的成本，还带来了新的数据稀疏性问题。为解决这一问题，人们提出可变长语言模型(Vari-gram)，即根据历史词对当前词预测所做贡献的不同，N 值也不同。可变长语言模型可以看作在模型精度和系统开销之间的一种折中，能在一定的系统开销下最大限度地发挥模型的预测能力，而且它保留了通常基于类的模型所具有的鲁棒性较好、对文本领域变化不敏感的优点。但是可变长语言模型的构造是一个非常复杂的问题，构造算法的好坏直接影响模型的性能，本书提出了一种绝对权重差分方法，并用这种方法构造了一种可变长模型，该模型具有良好的预测性。

2.5.1 算法

Vari-gram 文法的统计是一个比较复杂的问题，主要涉及文法的生成和裁剪的策略。统计方法的成功与否直接影响系统的预测性能。Vari-gram 模型能够使训练语料的似然达到最大。Vari-gram 的表示方式主要有两种：Atonion 将 N 元统计模型表示为一个有限状态机，并基于这种有限状态机的模型提出了一种可变长 N 元模型的统计策略。剑桥大学为压缩空间，将可变长 N 元模型表示成一个树结构，并将模型的统计归纳成一个文法树的生长过程，这棵文法树一边生长一边裁剪，直到形成最终的树结构，也就是所需要的 Vari-gram 文法。

为压缩空间，我们采用文法树结构，图 2-1 代表一个简单的文法树，文法树上每一个节点代表一个类。每条路径代表一个合法的历史，如路径 $c_5 \rightarrow c_4 \rightarrow c_3 \rightarrow c_2 \rightarrow c_1$ 表示当前词之前的五个词所属的类分别为：c_5，c_4，c_3，c_2，c_1。

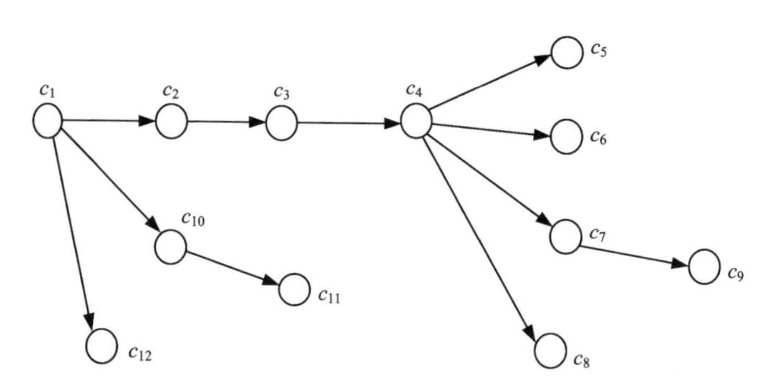

图 2-1　一个简单的文法树

对于树上的每个节点，它的价值可从两个方面来衡量：一是该节点的预测能力，二是该节点的可信度。而对应于该节点的熵和该节点所对应的历史在训练语料中的出现次数是对这两个方面的定量的衡量。一个节点所对应的历史在训练语料中的出现次数 $C(h)$ 决定了该节点的可信度，显然，出现次数越高，其可信度也越大；另一方面，$C(h)$ 的值越大，变化该节点对整个文法树的预测能力所产生的影响也越大。

设 C 表示当前词所属的类，h_L 表示对应的历史(其中 L 是历史的长度)；类 c_{new} 表示在 h_L 前的扩展历史。现在我们按照式(2-31)用绝对权重差分方法测量用 $P(\cdot|c_{new}h_L)$ 替代分布 $P(\cdot|h_L)$ 后的变化：

$$\Delta_{diff}=\sum_{C}\{\mathrm{Num}(c_{new}h_LC)-D[\mathrm{Num}(c_{new}h_LC)]\}\times|\lg P(C|c_{new}h_L)-\lg P(C|h_L)| \quad (2-31)$$

式中：$\mathrm{Num}(c_{new}h_LC)$ 表示序列 $c_{new}h_LC$ 在训练语料中出现的次数，

$D[\mathrm{Num}(c_{\mathrm{new}}h_L C)]$是折扣函数。

构造基于类的可变长语言模型的算法如下：

(1)初始化：$L=-1$。

(2)$L=L+1$。

(3)增加：对第 $L-1$ 层所有的节点，向第 L 层扩展，即将训练语料中出现的$(L+1)$元词类增加到文法树中已存在的 L 元词类后面。

(4)剪除：对第 L 层每一个新增加的叶节点计算 Δ_{diff}，如果 Δ_{diff} 的值小于预先确定的门槛值，则去掉该节点。

(5)结束：如果第 L 层新增节点全部被裁掉或达到规定的层数，结束；否则，转步骤(2)。

2.5.2　实验结果

得到文法树后，我们可按下式(2-32)计算测试语料的困惑度。

$$\mathrm{perp}=2^{-\frac{1}{N}\sum_{i=1}^{N}\lg P[w_i|h(w_i)]} \tag{2-32}$$

式中：$h(w_i)$表示 w_i 的历史记录在文法树上所对应的最长路径代表的词类串。

在原有聚类算法的基础上，选取了 1998 年《人民日报》语料库中的部分语料作为训练语料库。首先为了比较基于最小熵的贪婪聚类算法与基于词相似度的分层聚类算法的聚类效果，选取 2M 语料作测试，结果如表 2-2 所示。

表 2-2　词聚类结果

聚类算法	困惑度
贪婪聚类算法	283
基于相似度的分层聚类算法	218

其次选取 5*M* 语料生成可变长语言模型文法树，将所得基于词类的可变长模型与基于词的 2 元模型以及基于词类的 3 元模型进行比较，所得结果如表 2-3 所示：

表 2-3　三种模型的困惑度比较

模型	困惑度
基于词的 2 元模型	243. 73
基于类的 3 元模型	234. 65
基于类的可变长模型	219. 14

2.6　本章小结

本章介绍了基于单词的 *N* 元模型，一些平滑技术以及语言模型评估中的复杂性概念。

本章讨论了基于词类的 *N* 元模型，在统计语言模型中，词的聚类是解决数据稀疏问题的主要方法之一。本章提出了一种基于词相似度的聚类算法，这里定义的词相似度建立在有邻接关系的

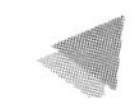

词之间的互信息基础上，第 6 章会提出一种将语言知识与统计方法结合起来的聚类模型。那里定义的词相似度建立在有语义、语法依存关系的词之间的互信息基础上。基于词类的 N-gram 模型牺牲了一部分预测能力，由于词类的数目远小于词，因此可以适当地提高 N 值来改善系统性能。但这类算法存在一些缺陷：模型参数规模随 N 指数增加，大大增加系统在存储和计算方面的负担。为了解决这一问题，本章提出了一种绝对权差分方法，并利用该方法构造了一个具有良好可预测性的变长语言模型。

3 词性标注方法

词性是词的一个重要属性，常用的词性有名词、动词等。表面上看，词性是按照它们的意义来分类的，例如那些指代人、地点、事件等的词常为名词，而指代动作的词常为动词。这种根据意义的划分很容易找到反例，例如“战争”与“打仗”两个词的意义是类似的，但是“战争”通常是作为名词用，而“打仗”通常作为动词用。目前，更常使用的词性定义是通过词的同现属性来进行的。例如，朱德熙在《句法讲义》中认为名词的语法特点是：①可以受数量词修饰；②不受副词修饰。

某些词只有一种词性，这种词无论出现在文本的什么位置，其词性都相同，如“我们”总是代词。而有一些词有两种甚至两种以上的词性，这些词在文本的不同位置有不同的词性取值。例如，词“希望”，在句子“大家希望天是蓝色的”中为动词，而在短语“未来的希望”中为名词。为词标明其在上下文中的词性就是所谓的词性标注。

3.1 引言

3.1.1 词语的兼类现象

由于自然语言处理的特殊性，语词的兼类现象错综复杂，其主要构成如下：

(1)形同音不同，如：好[hǎo(三声、形容词)、hào(四声、动词))。

(2)同音同形但意义上毫无联系，如：会[开个会(名词)、会(动词)滑冰]。

(3)具有典型意义的兼类词，如：典型(名词/形容词)。

(4)上述的组合，如：行(动词/形容词/名词/量词)。

由以上4种情况构成的兼类词，在汉语中普遍存在。为了研究兼类现象的静态和动态分布特征，哈尔滨工业大学张民等曾对标注所用词典(也是机器翻译所用词典)和一个已标记好的13万词语料库进行统计，其结果如表3-1和表3-2所示。

表3-1 兼类现象的静态分布特征(对词典统计结果)

总词	数次	54760
兼类	种类	113
兼类	词条数	3680
兼类词	占总词数的百分比	6.72%

表 3-2　兼类现象的动态分布特征(对语料统计结果)

总词次	131230
总词条	8761
兼类词词次	30972(23.6%)
兼类词词条	527
兼类词种类	78

从以上两表可看出，汉语兼类词的静态和动态分布特征差别很大。兼类词条数虽然不是很多，但在语料中出现的词次数已不可忽视。另外，不同的兼类现象和不同的兼类词分布差别很大。例如，在 113 种兼类现象中，“名/动”和“形/副”兼类就占 62.5%；在语料中，兼类词词次达 30972 次，却只出现 527 个不同的兼类词条。这说明在真实语料中，某些兼类词出现的频度极高(如过、好、得、没有等词)。这些兼类现象出现的分布特征在某种程度上决定了消歧的策略。

3.1.2　词性标注的重要意义和难点

词性标注是自然语言处理的重要一步。可以认为，使用经过词性标注的语料是提高当前自然语言处理系统精度和实用性的一个比较好的“折中点”。和生语料相比，它可以提供更丰富的信息；而尽管语法分析树可以提供更多的信息，但是，就当前的句法分析水平而言，精度远达不到要求，并且句法分析器的构建耗费也较高。

词性标注可以用在机器翻译、信息抽取、信息检索，以及更高层的语法处理中。在机器翻译中，源语言中一个单词翻译到目

标语言中一个单词的概率跟源语言单词的词性密切相关。例如，英语单词“hide”作为名词时汉语意为“皮”，作为动词时汉语意思为“隐藏”。因此，一旦知道“hide”的词性，就很容易进行翻译了。在基于语法规则的句法分析技术中，进行句法分析的一个必要的前提是要有句子中出现的每个词的词性信息。在句法分析过程中，如果某个词有几个不同的词性，则在语法分析中必须利用某些方法选择其中的一个，这是句法分析中一个十分耗费计算量的部分。如果能在进行句法分析之前就为每一个词分配唯一一个正确的词性，就可以大大提高句法分析的效率。

词性标注的难点主要在于：①某些单词有多个词性，在不同的上下文中取到不同的值，因此，对这些词标注需要考察其所在的上下文；②新词的出现，由于新词没有在词典中出现，不知道其词性，需要运用特别的技术来处理。

3.1.3　词性标注的方法

目前，词性标注方法主要分为两种：基于规则的方法和基于统计的方法。基于规则的方法通常采用手工编制复杂的词性标注规则系统，可以充分利用人的语言知识，但是带有很强的主观性，并且存在知识获取的瓶颈问题。基于统计的方法主要利用相邻词性标记之间的同现概率及隐 Markov 语言模型，来实现词性标注，获取的知识客观性好。

在基于规则的词性标注方法中，基于转换的错误驱动的词性标注方法是较为成功的一种。该方法是由 Eric Brill 提出来的，用于英文的词性标注。其基本思想是用一个初始标注器来标注训练语料库，然后把标注结果和正确标注结果进行比较，遍历所有可

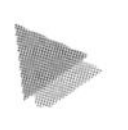

能的变换模式，从中选出效果最好的一条变换式，作为系统的标注规则，再用该规则重新标注语料库，重复上述过程，每次循环都得到一条新的规则，直到没有新的变换式出现，这样就可以获得词性标注的规则集。在标注时，首先使用初始标注器进行标注，然后利用获得的规则集进行标注。本章后面将对基于规则的词性标注方法进行详细的介绍。

统计方法是一种非确定性的定量推理方法，在词性标注中它把句子中每个词及其词性的出现都看作一个随机过程。HMM 模型把词和词性的出现看作一个向前依赖的条件概率事件，其模型参数是通过对大规模语料训练自动习得的。因此，它不仅可获得较好的一致性和很高的覆盖面，而且还可将一些不确定的知识客观定量化地描述出来。第 4 章将对基于 HMM 模型的词性标注方法进行介绍和研究，并提出一种新的统计模型，即马尔可夫族模型，该模型可用于词性标注、句法分析等许多自然语言领域。

历史上比较著名的词性标注方法和系统如表 3-3 所示。

表 3-3　词性标注方法和系统

序号	作者/标注项目	标记集	方法，特点	处理语料规模	准确率/%
1	Klein&Simmons (1963)	30	手工规则	百科全书小样本	90
2	TAGGIT(Greene&Rubin, 1971)	86	人工规则(3300 条)	Brown 语料库	77
3	CLAWS(Marshall, 1983; Booth, 1985)	130	概率方法，效率低	LOB 语料库	96

续表

序号	作者/标注项目	标记集	方法，特点	处理语料规模	准确率/%
4	VOLSUNGA(DeRose，1988)	97	概率方法效率高	Brown语料库	96
5	Eric Brill's tagger(1992—1994)	48	机器规则(447条)效率高	UPenn WSJ语料库	97

3.2 基于转换的错误驱动的词性标注方法

从一定意义上说，基于转换的错误驱动的词性标注方法是一种基于规则的词性标注方法，但跟传统的以人工方式给出词性标注规则不同，这种方法实际上是一种通过机器学习规则的方法，而且学到的规则是一种“改错”规则。这种方法利用预先标注好词性的一定规模的语料库，自动学习到转换规则(transformation rule)，然后再用这样的规则去标注新的语料。准确率超过以往统计方法进行词性标准的结果。

3.2.1 转换规则的形式

转换规则由两部分组成：改写规则(rewriting rule)和激活环境(triggering envionment)。

比如对汉语来说，可能会有这样一条转换规则 T_1：

改写规则：将一个词的词性从动词(v)改为名词(n)；

激活环境：该词左边第一个紧邻词的词性是量词(q)，第二个词的词性是数词(m)；

对下面这个句子(带有词性标记)：

S_0：他/*r* 做/*v* 了/*u* 一/*m* 个/*q* 报告/*v*

运用转换规则 T_1，就得到新的词性标记结果：

S_1：他/*r* 做/*v* 了/*u* 一/*m* 个/*q* 报告/*n*

上述过程将错误的词性标注结果 S_0 修改为正确的词性标注结果 S_1。

3.2.2 转换规则的模板

最终在标注器中使用的具体的一条条转换规则由机器自动学习获得，但在一开始的时候，得由人来指定转换规则的模板，即转换规则的抽象形式，具体的转换规则由抽象的模板生成。下面是转换规则模板的例子：

改写规则：将词性标记 x 改写为 y。

激活环境：(1)当前词的前(后)面一个词的词性标记是 z；

(2)当前词的前(后)面第二个词的词性标记是 z；

(3)当前词的前(后)面两个词中有一个词的词性标记是 z；

……

其中 x，y，z 是任意的词性标记代码。

根据上述模板，可以将具体的词性标记代码代入模板中，生成下面一系列具体的转换规则来：

T_1：当前词的前一个词的词性标记是量词(q)时，将当前词的词性标记由动词(v)改为名词(n)；

T_2：当前词的后一个词的词性标记是动词(v)时，将当前词的词性标记由动词(v)改为名词(n)；

T_3：当前词的后一个词的词性标记是形容词(a)时，将当前词的词性标记由动词(v)改为名词(n)；

T_4：当前词的前面两个词中有一个词的词性标记是名词(n)时，将当前词的词性标记由动词(v)改为数词(m)；

……

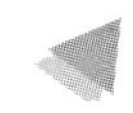

通过转换模板产生的上述具体的转换规则 T_1，T_2，…，即是全部可能的转换规则集合。在这些候选规则中，有的很难有合理的语言学解释（比如 T_4）。所谓机器学习，就是从这些可能的转换规则中，学到有助于提高词性标注的正确率（换句话说，也就是有助于降低词性标注错误率）的那些规则。值得说明的是，设计者并不期待最终学到的每一条转换规则都有合理的语言学解释。对于计算机标注词性这项工作来说，转换规则的作用就是在满足一定条件时，将一个词性标记改成另一个词性标记，而这只是一个机械的过程。

3.2.3 基于转换的词性标注方法的流程

基于转换的错误驱动的词性标注方法可以归纳如下：

（1）一个事先标注好词性标记的语料库 C_0，它同时也将作为学习时的训练语料库；

（2）一个词性标记集和一套转换规则模板；

（3）一组候选的转换规则（根据事先确定的转换规则模板和词性标记集来产生）；

（4）一个初始标注器；

（5）一个以评价函数为核心的学习器；

（6）在以上部件的基础上，可以学习得到一组有序的转换规则（T）；

（7）对新的语料进行词性标注时，首先用初始标注器处理待标语料，然后用学到的这组有序的规则 T 来修改标注结果，最终得到词性标注结果。

3.3 本章小结

本章介绍了词性标记的概念和方法，特别是基于转换的错误驱动的词性标注方法。从某种意义上说，基于转换的错误驱动词性标记算法是一种基于规则的词性标记算法，但它不同于传统的手工给出的词性标注规则。这种算法实际上是一种机器学习规则的算法，而所学习的规则是一种“修正”规则。该算法利用一定规模的预标记词性语料库自动学习转换规则，然后利用这些规则对新语料库进行标注。准确率超过以往统计方法进行词性标注的准确率。基于统计的方法主要利用相邻词性标记间的共现概率和隐马尔可夫语言模型来实现词性标记，获得的知识是客观的。

4 隐马尔可夫模型与马尔可夫族模型

隐马尔可夫模型(Hidden Markov Model, HMM)是语音识别领域最有效的统计模型之一。词性标注是隐马尔可夫模型在自然语言处理中的又一成功应用。目前，其各种变形广为使用。通过假设一个“隐藏”结构的存在，隐马尔可夫模型能够把简单的词序信息和更高层的语言信息联系起来，以完成诸如词性标注这样的任务。

统计标注方法如隐马尔可夫族模型，在计算每一输入词序列的最可能词性标注序列时，既考虑上下文，也与 2 元或 3 元概率参数有关(这些参数可通过已标注用于训练的语料估计得到)。目前许多种语言都有人工标注的训练语料，并且统计模型有很强的健壮性，这些优点使得统计方法成为当前主流的词性标注方法。基于隐马尔可夫模型的词性标注存在的不足有：为了达到很高的标注准确率，需要大量的训练语料；传统的基于隐马尔可夫模型的标注方法没有结合现有的语言知识。

隐马尔可夫模型在用于标注时提出了三个基本假定：①马尔可夫假定；②不动假定；③输出独立性假定，即输出(单词的出现)的概率仅与当前状态(词性标记)有关。但是这些假定，尤其第三个假定太粗糙。本书首次提出了一种统计模型，即马尔可夫族模型。我们假设一个词出现的概率不仅与其词性标记有关，还与前一个词有关，而且该词的词性标记独立于该词前面的词。在上述假设下，隐马尔可夫模型的一些简化可以成功地用于词性标注。实验结果表明，在相同的测试条件下，基于马尔可夫族模型的词性标注方法与传统的基于隐马尔可夫模型的词性标注方法相比，可以大大提高标注的准确性。在其他自然语言处理领域(如分词、句法分析、语音识别等)，马尔可夫族模型也非常有用。

4.1 隐马尔可夫模型

定义 4.1 隐马尔可夫模型

隐马尔可夫模型是一个五元组(S, $\boldsymbol{A}$, V, $\boldsymbol{B}$, Π)，其中

$S=\{s_1, \cdots, s_N\}$是状态集；

$V=\{v_1, \cdots, v_M\}$是输出符号集合；

$\Pi=\{\pi_1, \cdots, \pi_N\}$是初始状态概率分布，其中

$1 \leqslant i \leqslant N$；$\boldsymbol{A}=(a_{ij})_{N \times N}$是状态转移概率分布矩阵，其中$a_{ij}=P(q_{t+1}=s_j | q_t=s_i)$是从状态$s_i$转移到状态$s_j$的概率。

$\boldsymbol{B}=(b_{ik})_{N \times M}$是状态符号发射的概率分布矩阵，其中$b_{ik}=P(o_t=v_k | q_t=s_i)$ $1 \leqslant k \leqslant M$，$1 \leqslant i \leqslant N$表示在状态$s_i$时输出符号$v_k$的概率。

这样，一个隐马尔可夫模型可以由五元组(S, $\boldsymbol{A}$, V, $\boldsymbol{B}$, Π)完整描述。但实际上，$\boldsymbol{A}$, $\boldsymbol{B}$中包含对S, V的说明。因此，通常用

$$\lambda=\{\boldsymbol{A}, \boldsymbol{B}, \Pi\}$$

来记一组完备的隐马尔可夫模型参数。

在隐马尔可夫模型中，由于模型中对外表现出来的是观察向量序列$O=\{o_1, o_2, \cdots\}$，内部状态序列$Q=\{q_1, q_2, \cdots\}$不能直接观察得到，因此而称为“隐”马尔可夫模型。

4.2　隐马尔可夫模型在词性标注中的应用

设 T 为标注集，W 为词集，词性标注就是寻找一个词性序列 $T=\{t_1, \cdots, t_n\}$，使得它对于单词序列 $W=\{w_1, \cdots, w_n\}$ 是最优的。其中 t_i 为 w_i 的词性。如果假设词性序列是一个马尔可夫链，这个马尔可夫链在每次进行状态转移时都产生一个单词，具体产生哪个单词由其所处的状态决定。这样，可以很容易把词性标注和上述的隐马尔可夫模型联系起来，很自然地可以定义一个二元的 HMM 词性标注模型$(T, \boldsymbol{A}, W, \boldsymbol{B}, \Pi)$，其中参数 $\boldsymbol{A}$，$\boldsymbol{B}$ 和 Π 可通过已标注训练语料估计得到。

在上述模型下，模型的状态是词性标记；输出符号是词。词性序列 $T=\{t_1, \cdots, t_n\}$ 对应于模型的状态序列，而标注集对应于状态集，词性之间的转移对应于模型的状态转移。假设词性序列的马尔可夫链是 1 阶的，即每个词的词性都只依赖前面一个词性而决定，因此有状态转移概率 $P(t_i|t_j)$，这对应于模型中的状态转移概率 a_{ij}。而单词为模型的观察值，不同的词性状态对不同的单词有不同的输出概率。设词性 t_i 产生单词 w_i 的概率是 $P(w_i|t_i)$，它对应于模型中描述产生输出的概率 b_{ij}。在已知输入词序列 $w_{1,n}$ 的条件下，寻找最可能标记序列 $t_{1,n}$ 的任务，可看作在给定观察序列 $w_{1,n}$ 条件下搜索最可能的 HMM 状态序列的问题，词性标注的任务可以等价于求解下式：

$$\underset{T}{\operatorname{argmax}} P(T|W)$$

即对于特定的 W，寻找最可能的 T，这即是隐马尔可夫模型的基本问题二。当然，在此之前，需要利用已标注语料获得模型参数，即解决隐马尔可夫模型的基本问题三。下面讨论如何解决这一问题。

显然有式(4-1)：

$$\underset{t_{1,n}}{\operatorname{argmax}} P(t_{1,n} | w_{1,n}) = \underset{t_{1,n}}{\operatorname{argmax}} \frac{P(w_{1,n} | t_{1,n}) P(t_{1,n})}{P(w_{1,n})}$$

$$= \underset{t_{1,n}}{\operatorname{argmax}} P(w_{1,n} | t_{1,n}) P(t_{1,n}) \qquad (4-1)$$

首先，引入独立性假设，认为词序列中的任意一个词的出现概率只与当前词的词性标记有关。而与周围(上下文)的词、词类标记无关。其次，采用二元假设，即认为任意词类标记的出现概率只与它紧邻的前一个词类标记有关。由上述假设有式(4-2)：

$$P(w_{1,n} | t_{1,n}) P(t_{1,n}) = \prod_{i=1}^{n} P(w_i | t_{1,n}) \times P(t_n | t_{1,n-1}) \times P(t_{n-1} | t_{1,n-2}) \times \cdots \times P(t_2 | t_1)$$

$$= \prod_{i=1}^{n} P(w_i | t_i) \times P(t_n | t_{n-1}) \times P(t_{n-1} | t_{n-2}) \times \cdots \times P(t_2 | t_1)$$

$$= V \prod_{i=1}^{n} [P(w_i | t_i) \times P(t_i | t_{i-1})] \qquad (4-2)$$

(注：为简单起见，定义 $p(t_1 | t_0) = 1.0$)利用 Viterbi 算法将很容易解决这一求解。利用隐马尔可夫模型进行词性标注已成为统计方法在自然语言处理中成功运用的范例。

4.3 马尔可夫族模型

当隐马尔可夫模型用于词性标记时，它会做出三个基本假设：①马尔可夫假设；②不动产假设；③输出独立性假设，即输出(单词出现)的概率仅与当前状态(词性标记)有关。但是这些假定，尤其第三个假定太粗糙。本书首次提出了一种统计模型，即马尔可夫族模型。我们假设一个单词出现的概率与它的词性标记和前一个词都相关，该词的词性标记与该词前面的词关于该词

条件独立。在上述假设下，可以简化马尔可夫族模型，并且可以成功地在词性标记中使用。实验结果表明：在相同的测试条件下，基于马尔可夫族模型的词性标注方法比传统的基于隐 Markov 模型的词性标注方法大大提高了标注的准确率。在自然语言处理技术的许多其他领域(例如中文分词、句法分析、语音识别等)中，马尔可夫族模型也非常有用。

定义 4.2 马尔可夫族模型

令 s_i，$1 \leqslant i \leqslant m$ 表示第 i 种状态的有限集合，$\{\vec{X}_t\}_{t\geqslant 1} = \{X_{1t}, \cdots, X_{mt}\}_{t\geqslant 1}$ 是 m 维随机向量，其中它的成分变量 $X_i = \{X_{it}\}_{t\geqslant 1}$，$1\leqslant i\leqslant m$ 取值于状态集 S_i。我们说这些成分变量 X_i，$1\leqslant i\leqslant m$ 构成马尔可夫族模型，如果它们满足式(4-3)、式(4-4)的条件：

(1)每一个成分变量 X_i，$1\leqslant i\leqslant m$ 都是一 n_i 阶马尔可夫链：

$$P(X_{it} \mid X_{i1}, \cdots, X_{i(t-1)}) = P(X_{it} \mid X_{i(t-n_i)}, \cdots, X_{i(t-1)}) \quad (4-3)$$

(2)任何状态的发生概率仅与同一状态的先前状态以及同一时间的其他不同状态有关：

$$\begin{aligned} &P(X_{it} \mid X_{11},\cdots,X_{i1},\cdots,X_{m1},\cdots,X_{1(t-1)},\cdots,X_{i(t-1)},\cdots,X_{m(t-1)},X_{1t},\cdots,X_{mt}) \\ &\quad = P(X_{it} \mid X_{i(t-n_i)},\cdots,X_{i(t-1)},X_{1t},\cdots,X_{mt}) \quad (4-4) \end{aligned}$$

4.4 使用马尔可夫族模型的词性标注方法

4.4.1 理论推导

设 S_1 为词性标记集，S_2 为词表中词的集合，假设任意一个词的词性标记和该词前面的词，关于该词条件独立(即在该词已知的条件下独立)，满足：

$$P(w_{i-1}, t_i | w_i) = P(w_{i-1} | w_i) \cdot P(t_i | w_i) \tag{4-5}$$

在上述假定下，我们可以利用马尔可夫族模型进行词性标注（为简单计，我们也假定随机向量$\{w_i, t_i\}_{i \geq 1}$的成分变量$\{w_i\}_{i \geq 1}$，$\{t_i\}_{i \geq 1}$都是1阶马尔可夫链），即满足：

$$\begin{aligned} \underset{t_{1,n}}{\operatorname{argmax}} P(t_{1,n} | w_{1,n}) &= \underset{t_{1,n}}{\operatorname{argmax}} \frac{P(w_{1,n} | t_{1,n}) P(t_{1,n})}{P(w_{1,n})} \\ &= \underset{t_{1,n}}{\operatorname{argmax}} P(w_{1,n} | t_{1,n}) P(t_{1,n}) \end{aligned} \tag{4-6}$$

而

$$\begin{aligned} & P(w_1, \cdots, w_{n-1}, w_n | t_1, \cdots, t_{n-1}, t_n) \\ & = P(w_n | w_1, \cdots, w_{n-1}, t_1, \cdots, t_{n-1}, t_n) \cdot \\ & \quad P(w_1, \cdots, w_{n-1} | t_1, \cdots, t_{n-1}, t_n) \\ & = P(w_n | w_{n-1}, t_n) \cdot P(w_1, \cdots, w_{n-1} | t_1, \cdots, t_{n-1}) \end{aligned}$$

其中

$$\begin{aligned} P(w_n | w_{n-1}, t_n) &= \frac{P(w_{n-1}, t_n | w_n) \cdot P(w_n)}{P(w_{n-1}, t_n)} \\ &= \frac{P(w_{n-1} | w_n) \cdot P(t_n | w_n) \cdot P(w_n)}{P(t_n | w_{n-1}) \cdot P(w_{n-1})} \end{aligned}$$

因而有：

$$\begin{aligned} & \underset{t_{1,n}}{\operatorname{argmax}} P(t_{1,n} | w_{1,n}) \\ & = \underset{t_{1,n}}{\operatorname{argmax}} \prod_{i=2}^{n} P(w_1 | t_1) \cdot P(t_1) \frac{P(t_i | w_i) \cdot P(t_i | t_{i-1})}{P(t_i | w_{i-1})} \end{aligned} \tag{4-7}$$

4.4.2 Viterbi 算法

Viterbi算法是一种动态编程的方法，能够根据模型参数有效地计算出一给定词序列w_1，…，w_n最可能产生的词性标记序列t_1，…，t_n。计算过程如图4-1所示。

1. 给定：句子长度 n，标记集数目 T
2. 初始化：
3. $\delta_1(t^j) = P(w_1 | t^j) \cdot P(t^j)$，$1 \leqslant j \leqslant T$
4. $\Psi_1(t^j) = 1 \leqslant j \leqslant T$
5. 循环：
6. for i：$= 1$ to $n-1$ step 1 do
7. (对所有的标记) for all tags t^j do
8. $\delta_{i+1}(t^j) = \max\limits_{1 \leqslant k \leqslant T}\left[\dfrac{\delta_i(t^j) \times P(t^j | w_{i+1}) \times P(t^j | t^k)}{P(t^j | w_i)}\right]$
9. $\Psi_{i+1}(t^j) = \operatorname{argmax}_{1 \leqslant k \leqslant T}\left[\dfrac{\delta_i(t^j) \times P(t^j | w_{i+1}) \times P(t^j | t^k)}{P(t^j | w_i)}\right]$
10. end
11. end
12. 结束并读出数据：X_1，…，X_n 是根据词序列 w_1，…，w_n 选择的标记序列
13. $X_n = \operatorname{argmax}_{1 \leqslant j \leqslant T}\delta_n(j)$
14. for j：$= n-1$ to 1 step -1 do
15. $X_j = \Psi_{j+1}(X_{j+1})$
16. end
17. $P(X_1, \cdots, X_n) = \max_{1 \leqslant j \leqslant T}\delta_n(j)$

图 4-1 标注算法

4.4.3 实验结果

我们选取 1998 年《人民日报》部分标注语料作为测试和训练语料。语料使用 42 种标记，其中测试语料约有 244974 个记号，该语料有关特性如表 4-1 所示。

表 4-1　语料有关特性

42 个标记	22345	类型	244974	记号
1	20048	89. 720%	162246	66. 230%
2	1934	8. 655%	50243	20. 510%
3	297	1. 329%	21419	8. 743%
4	51	0. 228%	9901	4. 042%
5	10	0. 045%	424	0. 173%
6	4	0. 018%	155	0. 063%
7	1	0. 004%	586	0. 239%

实验结果(表 4-2)表明：在相同测试条件下，基于马尔可夫族模型的词性标注算法比基于隐马尔可夫模型的标注算法大大提高了标注准确率。

表 4-2　词性标注实验结果

模型	隐马尔可夫模型	马尔可夫族模型
标注准确率/%	94. 642	95. 964

4.5　本章小结

本章介绍了隐马尔可夫模型，主要是隐马尔可夫模型及其在词性标注中的应用。隐马尔可夫模型是建立在马尔可夫模型的基础上的。通过假设隐含结构的存在，隐马尔可夫模型可以将简单的语序信息与更高级的语言信息联系起来，完成词性标记等任

务。本章还提出了马尔可夫族模型，并将其应用于词性标注，取得了较好的效果，这一模型的一些性质还有待研究，在其他许多自然语言处理技术领域中（如分词、句法分析、语音识别等），马尔可夫族模型也是非常有用的。后面将研究马尔可夫族模型在句法分析中的应用。

5 句法分析模型与概率上下文无关语法

5.1 引言

自然语言与人工语言的不同在于自然语言中包含大量歧义。自然语言处理的过程实质上就是一个解决歧义的过程。而句法分析的过程可以解决自然语言处理过程中存在的一部分歧义问题，比如词性歧义、生词引起的歧义、并列结构歧义、介词短语的附着对象歧义、代词的指代歧义、句子连词歧义等。这样，歧义的解决无疑可以对进一步的自然语言处理提供强有力的帮助。因此对自然语言句法分析将是自然语言处理的一个核心内容。在汉语信息处理研究中，句法分析是重要的一个环节，对句法分析的研究，对于语义分析、自动翻译、自动文摘等更深层次的研究都有重要的意义。

句法分析是对构成句子短语内部的结构成分、结构层次和结构关系进行分析，不涉及句子语气、语调和语用因素，也暂不考虑句首修饰语，故句法分析也称为短语分析。句法分析的目的主要有两个，一个是确定句子所包含的谱系结构，另一个是确定句子的组成成分之间的关系。句法分析有浅层和完全之分。浅层句法分析，又称部分句法分析，是自然语言处理领域中一种语言处

理策略，不要求得到完全的句法分析树，只要求识别其中的某些结构相对简单的成分，如非递归的名词短语、动词短语等；与之相对，完全句法分析，则要求通过一系列分析过程，最终得到句子的完整句法分析树。生成完整句法分析树是自然语言信息处理进入“语言处理”阶段的标志，也是进一步掌握句子语义语用、生成汉语树库的基础。长期以来，世界各国研究人员都高度重视这方面的研究，现已研制出不少适于不同应用领域的句法分析算法和句法分析系统，如美国的 Penn 树库项目、台湾地区中研院词库小组(CKIP)的中文树库项目等。

句法分析的研究方法大体分为两种：基于规则的方法和基于统计的方法。基于规则的方法，是以知识为主体的理性主义(rationalism)方法，以语言学理论为基础，强调语言学家对语言现象的认识，采用非歧义的规则形式描述或解释歧义行为或歧义特性。但是规则的获取是一个十分烦琐的过程，很难找到一种系统的途径。比较典型的有广义短语结构语法(GPSG)、中心语驱动的短语结构语法(HPSG)、词汇功能语法(LFG)、树邻接语法(TAG)等。基于统计的方法分为有指导的和无指导的两种。有指导的方法依靠一个手工标注的句法分析树库做训练数据，获得句法分析的知识；无指导的方法则使用没有经过标注的数据进行训练。尽管无指导的方法省略了手工标注语料的繁重劳动，但用于学习的数据本身都是没有正确结果的，无指导的方法获得的结果的准确性自然比有指导方法的差很多。所以无指导的方法通常用来辅助手工标注语料，或当训练数据较少时的一种平滑数据稀疏的方法。

5.2 句法分析国内外研究现状

句法分析又称文法分析，就是指根据给定的语法，自动地识别句子所包含的句法单位和这些句法单位之间的关系。句法分析在自然语言处理领域中具有十分重要的地位。汉语的理解一般分为以下几个步骤：原文输入、句子分词和词属性特征标注、语法和句法分析、语义和语用及语境分析、生成目标形式表示、句群和文本理解等。句子分析下连词汇分析，上接篇章理解，起着承上启下的作用。词汇分析是基础，句子分析是中心，篇章理解是最终目的。如果得到句子成分的计算机表示，无论是应用于句子划分、文本理解，还是机器翻译、信息检索、人机对话等，都具有实际意义。

句法分析同时也是公认的一个研究难题。从 20 世纪 50 年代初机器翻译课题被提出算起，自然语言处理研究已经有 60 年历史，句法分析一直是阻碍自然语言处理前进的主要障碍。困扰句法分析的两个难点在于：第一个难点是歧义，给定一个合理的语法，即使对于一个非常简单的句子，也可以有多种句法分析结果；第二个难点是搜索空间巨大，句法分析是一个极为复杂的任务，候选树个数随句子长度呈指数级增长，搜索空间巨大。因此在设计句法分析模型时必须控制好模型的复杂度，以保证句法分析器能够在可接受的时间内搜索到最优的句法分析树。

当前句法分析研究热点主要集中在如下三个方向：①短语结构句法分析，即识别句子中的短语结构以及短语之间的层次句法关系；②依存句法分析，即识别句子中词与词之间的相互依存信息；③深层句法分析，即利用深层文法，比如词汇功能文法(LFG)、词汇化树邻接文法(LTAG)、组合类别文法(CCG)等，对

句子进行深层的句法以及语义分析。相比较而言，深层句法分析可以提供丰富的信息，但是其实现过程却相对复杂，这使得深层句法分析在处理大规模数据时可能会遇到一些困难。同时，依存句法分析的实现过程相对简单，但是分析结果中所能提供的信息也相对较少。短语结构句法分析介于深层句法分析和依存句法分析之间，兼顾了分析结果中所能提供的信息量和分析效率这两方面的因素，在近几十年来一直都是句法分析理论研究与实际应用中的热点。

句法分析的研究大致分为两种方法：基于规则的方法和基于统计的方法。基于规则的方法是以知识为主体，以语言学理论为基础，强调语言学家对语言现象的理解，用非歧义规则来描述或解释歧义行为或特征的理性主义方法。基于规则的方法在处理大规模真实文本时，会存在语法规则覆盖度有限、系统可迁移性差等缺陷。20 世纪 90 年代初，自然语言处理的任务开始从小规模受限语言处理走向大规模真实文本处理。随着大规模标注树库的建立，基于树库的统计句法分析逐渐成为现代句法分析的主流技术。这种方法采用统计学的处理技术从大规模语料库中获取语言分析所需要的知识，放弃人工干预，减少对语言学家的依赖。它的基本思想是：①语言知识在统计意义上被解释，所有参数都是通过统计处理从语料库中自动获得的；②使用语料库作为唯一的信息源，所有的知识(除了统计模型的构造方法)都是从语料库中获得。基于统计的方法具有鲁棒性好、效率高的优点，大量的实验已经证明了该方法的优越性。目前，统计方法已经被句法分析的研究者普遍采用。为进行统计句法分析，首先要遵循某一语法体系，根据该体系的语法确定语法树的表示形式。目前，在句法分析中使用比较广泛的有依存语法和短语结构语法。

5.2.1 句法分析语料库

统计句法分析模型的训练可以采用有指导学习方式，也可以采用无指导学习方式。无指导学习方式一般只需要给定一套文法和若干个没有任何句法标记的句子就可以自动地估计出模型的所有参数。有指导学习方式通常需要从一个树库中获取句法分析模型的各种参数和句法知识。所谓树库是指对句子中的句法成分进行了划分和标注的语料，从中可以提取出大量有用的句法分布信息。不管是有指导的方法还是无指导的方法它都需要树库去测试其句法分析的精度，因此树库的建设对于统计句法分析器的开发与研究有着基础性的支撑作用。

1961 年，世界上第一个大规模电子语料库——布朗语料库出现，标志着语料库语言学的诞生。英语的树库研究起步较早，发展也很快。其中两个比较大的工程项目是：英国的 Lancaster-Leeds 树库项目和美国宾夕法尼亚大学的 Penn Tree bank 项目。从 1984 年到 1988 年的五年间，英国 Lancaster 大学的 UCREL 研究小组总共加工产生了二百多万词的树库语料。Penn Treebank 是宾夕法尼亚大学在新闻语料上标注的英文句法分析树库。其前身为 ATIS 和华尔街日报(Wall Street Journal)树库，它的第一版本出现于 1991 年，第二版本出现于 1994 年，即 Penn Treebank。Penn Treebank 除文法标注外，还标注了部分语义信息。从第一版本到现在，整个过程一直都在不断地维护和修正，标注规模已接近 5 万个句子，100 万个单词。PennTreebank 具有较高的一致性和标注准确性，是目前研究英文句法分析所公认的标注语料库。此外比较著名的英语树库还有 IBM 研究院树库，其句子取自计算机手册；在树库建设技术上，Carroll、Schabes 等介绍了使用自动句法分析器和文法理论辅助标注树库的算法。

中文树库建设较晚，比较著名的有中文宾州树库(Chinese

Treebank)、清华大学中文树库(Tsinghua Chinese Treebank)、台湾中研院树库(Sinica Treebank)、北京大学计算语言所的《人民日报》语料、哈尔滨工业大学机器翻译研究室树库等。Chinese Treebank(CTB)是宾夕法尼亚大学从 1998 年开始标注的汉语句法树库。语料来源于中国内地(大陆)、香港、台湾等媒体新闻信息。自 2000 年发布 CTB1.0 以来，已多次对语料进行了更正和添加，目前比较新的版本为 CTB6.0。该版本包含了 2306 篇新闻文章，由 28295 个句子构成，共 781351 个词。CTB 的标注方法沿用了英文树库的标注体系，共包括 33 种词性标记和 19 种短语类别标记。目前绝大多数的中文句法分析研究均以 CTB 为基准语料库。Tsinghua Chinese Treebank(TCT)是清华大学计算机系智能技术与系统国家重点实验室人员从汉语平衡语料库中提取出 100 万汉字规模的语料文本，经过自动句法分析和人工校对，形成高质量的标注有完整的句法结构树的中文句法树库语料。SinicaTreebank 是台湾中研院词库小组从中研院平衡语料库(sinica corpus)中抽取句子，经由电脑自动分析成句法结构树，并加以人工修改、检验后所得的成果。

5.2.2 短语结构语法

当前短语结构句法分析方法普遍基于概率上下文无关文法(probabilistic context free grammar, PCFG)，大规模的基于上下文无关文法的树库(比如宾州树库)的出现极大地促进了这一方向的研究。

1. 基于词汇化 PCFG 的句法分析模型

在早期句法分析研究工作中，基于上下文无关文法的短语结构句法分析方法直接从人工标注的树库中读取文法规则，并以相对频率作为规则的概率。这类句法分析方法实现简单，但是先前的研究工作表明这种方法的性能并不理想。其主要原因在于上下文无关文法中的独立性假设，而这些独立性假设在实际情况中往往并不成立。为了突破 PCFG 所做的独立性假设条件，很多研究者转向研究基于词汇化 PCFG 的句法分析模型。词汇化 PCFG 指在文法规则中引入词汇的信息，即在句法树的每个非终结符节点上标注词汇信息，利用词汇信息放宽上下文无关文法的独立性假设。Magerman 最先开展了这个方向的研究工作，论证了词汇信息在句法分析中的有效性。Collins 和 Charniak 随后分别推进了这一方向的研究。为了解决词汇化 PCFG 模型所带来的数据稀疏问题，目前比较成功的主要方法有利用马尔可夫过程对规则进行分解和利用类似最大熵方式来计算规则概率。最大熵的优点在于可以考虑更多的特征，而且可以采用删除插值平滑方法来解决数据稀疏问题。受最大熵方法启发，可以用类似最大熵的方式来计算规则概率，但该方法计算出来的概率不再严格归一，只能看作评价句法树可能性的分值。该方法的实验结果为：准确率 89.5%，召回率 89.6%。中心词驱动句法分析模型(head-driven statistical syntactic parsing model)是最具有代表性的词汇化模型，为了发挥词汇信息的作用，中心词驱动模型为文法规则中的每一个非终结符(none terminal)都引入核心词/词性信息。中心词驱动模型将每一条规则看作一个马尔可夫过程，即首先由父节点生成中心子节点，然后自左向右依次生成中心子节点右部节点，最后自右向左依次生成中心子节点左边节点。中心词驱动模型利用马尔可夫过程对规则进行分解，极大地缓解了数据稀疏问题，该方法的实验结果为：准确率 88.3%，召回率 88.1%。

2. 基于改进 PCFG 的句法分析模型

词汇化 PCFG 句法分析模型取得了一定的成功，但同时也产生了一些潜在的问题：文法规则数量急剧上升、解析算法复杂度

 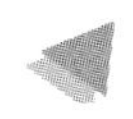

增加、数据稀疏问题严重。于是，人们不禁要问：基于PCFG的句法分析模型还有提高的潜能吗？Johnson研究了用句法树表示方法与PCFG性能之间的关系，从理论和实践上说明了基于PCFG的句法分析器的性能会随着句法树表示方法的不同而急剧变化。Petrov等设计实现了基于生成模型的句法分析器。生成模型从句法树和相应句子的联合概率出发，根据合理的独立性假设对从句法树到句子的语言生成过程进行建模，在英文Penn树库上得到的准确率和召回率分别为89.8%和89.6%，性能高于大多数基于词汇化PCFG的句法分析模型。Finkel等指出传统的PCFG模型在计算产生式概率时，采用的是生成模型，利用的信息仅限于产生式本身的信息，而没有放眼于整个句子。因此，该文提出了在计算产生式概率时，采取判别式模型，利用的信息包括覆盖整个句子的产生式信息、词汇/词性标注信息。虽然基于判别模型的句法分析的研究历史相对较短，但是基于判别模型的句法分析器已经获得了与基于生成模型的句法分析器可比较的性能。

5.2.3 依存语法研究现状

近年来，基于依存关系的句法分析方法受到了越来越多的重视。依存语法由法国语言学家Lucien Tesniere于1959年提出，依存语法是天然词汇化的，直接按照词语之间的依存关系工作。由于依存语法中词汇的依存本质是语义的，而不同语言间的语义层面是相通的，因此依存语法是一种跨越语言界限、客观揭示人类语言内在规律的句法理论。不同于短语文法，依存语法理论认为每个句子中存在一个唯一的中心词，支配着句子中其他所有的词，其他词直接或间接依赖于中心词；同时，句子中除了中心词外每个词都只被一个词支配。依存语法可以使用依存句法树表示，依存分析的结构没有非终节点，词与词之间直接发生依存关

系，构成一个依存对，其中一个是修饰词，也叫从属词，另一个叫核心词，也叫支配词。依存关系用一个有向弧表示，叫作依存弧。

Melchuk 对英语依存语法理论做了全面系统的研究，Eisner 最先将 Penn Treebank 转化为依存表示形式，然后进行依存句法分析的实验。在数据转换时，Eisner 排除了包含连词的句子，对其余句子使用规则进行自动转换。实验中，Eisner 使用面向说话者的生成模型，获得了 90.0%的依存准确率。Yamada 等将 Penn Treebank 中的句子完全转换为依存结构，然后使用确定性的分析算法，得到了 90.3%的准确率，为英文依存分析研究奠定了坚实的基础。Nivre 在英文决策式依存句法分析方面做了大量的工作，提出了三个决策式句法分析模型：

(1)基于规则的模型。该模型针对待分析的词序列，以某种特定的优先顺序取一个词对，满足约束或符合规则的便认为它们之间具有依存关系。

(2)自左向右、自底向上的模型。

(3)自底向上和自顶向下算法相结合的模型。

5.2.4 多句法分析器的组合

近年来，针对单一模型的局限性，另一个研究重点放在多个句法分析器的组合上。这种方法是利用多个高精度的基准句法分析器输出多个高概率结果，并结合丰富句法结构特征对它们进行合成处理。目前合成方式主要有子树重组合和候选树重排序。子树重组合是对候选树中的子树进行重组，形成一个新的最优的句法树。候选树重排序是对候选树分值进行重新估算，选出分值最高的候选树作为最后的分析结果。Zhang 等在实验中采用五个高精度的句法分析器，最优性能为：召回率 90.6%，准确率 91.3%，子树重组合后实验结果为：召回率 91.0%，准确率 93.2%。

Zhang 等进行了候选树重排序，基准句法分析器采用 Charniak 和 Petrov，并且让这两个句法分析器分别输出最优的 50 个结果，实验的 F1 值为 92.6%。

5.2.5 中文句法分析研究现状

与英文句法分析相比，中文句法分析研究起步较晚。在基于非词汇化 PCFG 的句法分析模型方面，林颖等利用内向—外向算法，从已有小规模中文宾州树库中提取规则，利用大规模已做好分词标注的语料库对规则进行训练，并针对汉语的特点(特别是汉语虚词的特点)，引入句法结构共现的概念来减弱 PCFG 的独立性假设。实验结果表明，引入句法结构共现概率能够提高句法分析器的准确率和召回率。王文剑等通过构造结构化函数，提出了一种基于结构化支持向量机的中文句法分析方法。在基于词汇化 PCFG 的句法分析模型方面，曹海龙将中心词驱动模型应用于哈工大机器翻译研究室树库，基于正确分词，句法分析获得的准确率和召回率分别为 80.9%和 79.3%。何亮等基于中心词驱动的汉语统计句法分析模型，在词性处理和基本名词短语识别上对 Bikel 基于 Collins 中心词驱动概率句法分析模型进行了改进。陈功等针对句法分析中上下文无关语法模型对句子信息利用的不足，提出了融入结构下文和部分词汇信息的汉语句法分析方法，由于利用了更多的句子信息，与上下文无关语法相比该句法分析方法有着更强的消歧能力。在基于改进 PCFG 的句法分析模型方面，Petrov 和 Klein 将自动发现隐藏的组块子类算法应用于中文树库，基于正确分词，在 CTB5.0 取得的召回率和准确率分别为 85.7%和 86.9%，是当时已报告的基于正确分词的单模型中文句法分析的最高性能。

汉语依存句法分析的工作在近年开始受到重视。Zhou 等是最早从事这方面的研究者，他们采用分块的思想，应用一些制定

的语法规则，先对句子进行分块处理，找出关系固定的语块，然后再对整个句子进行依存分析。Lai 等使用基于 Span 的思想、Gao 等利用无指导的方法在汉语依存分析方面做了有价值的研究工作。Jin 等针对 Nivre 和 Yamada 方法的缺点，通过扩展 Nivre 的移进—归约算法为二阶段的移进—归约算法，基于由中文树库(Penn Chinese Treebank)转换的中文依存语料，得到的依存准确性为 84.42%。鉴萍等提出了一种全新的分层式依存句法分析方法。该方法以依存深度不大于 1 的依存层作为分析单位，自底向上构建句子的依存结构。在层内，通过穷尽搜索得到层最优子结构；在层与层之间，分析状态确定性地转移。段湘煜等提出了两种模型对句法分析动作进行建模以避免原决策式依存分析方法的贪婪性。马若策等对决策式中文依存句法分析模型进行了改进，引进了局部搜索算法和两阶段分析。辛霄等提出并比较了三种基于最大熵模型的依存句法分析算法，其中最大生成树算法取得了最好的实验效果。计峰等将依存句法分析转化成序列标注问题，利用条件随机场建立序列标注模型。李正华等使用柱搜索策略限制搜索空间，提出了使用所有的孙子节点构成祖孙特征的高阶依存模型。车万翔等将主动学习应用到中文依存句法分析中，优先选择句法模型预测不准的实例交由人工标注，提出并比较了多种衡量依存句法模型预测可信度的准则。利用双语语料来促进依存分析也广受关注。Chen 等利用英汉双语语料建立对应子树，在 MSTParser 的基础上加入子树信息来提高性能，把英语准确率由 87.37%提高到 89.01%，汉语准确率由 87.2%提高到 90.13%。

此外，熊德意等通过重新标注树库中的非递归名词短语和非递归动词短语，并设计新的中心词映射表和引进上下文配置框架等方法在汉语统计句法分析模型中融合潜在的丰富语言知识，提高了模型的 F1 值。袁里驰结合中心词驱动句法分析模型，提出了基于配价结构和语义依存关系的句法分析模型。模型在规则的

分解及概率计算中引入丰富的语义信息，既包括语义依存信息，也包括配价结构等语义搭配信息，在 CTB5.0 取得的召回率和准确率分别为 87.43%和 88.76%。代印唐等对已有的句法分析中引入知识的方法进行了归纳分析，认为多种句法分析方法都可被看作基于特征标记的分类，并在此基础上提出了一种层级分类短语结构文法和一种层级分类概率句法分析方法。除了使用单一的句法分析模型外，也有研究者结合多种模型的输出结果，从中选择最优的句法树作为输出，例如，Zhang 等以 Charniak 和 Berkeley 句法分析器产生的候选句法树为输入，通过系统合成的方案从中选择最优的句法树作为输出。

5.3　统计句法分析模型概述

基于统计的句法分析必须以某种方式对语言的形式和语法规则进行描述，而且这种描述必须可以通过对已知句法分析结果的训练获得，这便是句法分析模型。句法分析模型不同，体现的语言知识不同，使用的处理方法也不同，可以导致不同的句法分析结果。而语言间的差异也会使同样的模型在处理不同语言时效果不同。最为典型的基于统计的方法是概率上下文无关模型(PCFG)，它具有形式简洁、参数空间小、分析效率高等优点，但在分析中忽略了消歧所需的上下文相关信息，其消歧能力非常有限。本章后面将对概率上下文无关模型进行详细的介绍和研究。在概率上下文无关模型(PCFG)基础上，还出现了增加结构信息的概率模型，包含词汇依存关系的概率文法、引入语义信息的模型、基于历史的模型等。本节简单介绍基于历史的句法分析模型、层次化渐近式的句法分析模型。第 7 章将会对基于依存关系的句法分析模型进行详细的介绍和研究，并提出一种基于语义、语法依存关系，带有结构信息的概率句法分析模型。

5.3.1 统计句法分析模型的实质及模型常用的评价方法

构建统计句法分析模型的目的是以概率的形式评价若干个可能的句法分析结果(通常表示为语法树形式)并在这若干个可能的分析结果中直接选择一个最可能的结果。

基于统计的句法分析模型其实质是一个评价句法分析结果的概率评价函数，即对于任意一个输入句子 s 和它的句法分析结果 t，给出一个条件概率 $P(t|s)$，并由此找出该句法分析模型认为概率最大的句法分析结果，即找到 $\tilde{t}=\underset{t}{\operatorname{argmax}}P(t|s)$，句法分析问题的样本空间为 $S\times T$，其中 S 为所有句子的集合，T 为所有句法分析结果的集合。

对句法分析模型的评价是句法分析研究的重要内容，它决定句法分析模型的选择和优化。就目前而言，Parseval 句法分析评价体系被认为是一种粒度适中较为理想的评价方法，在句法分析系统中使用最为广泛。其评价体系主要由精确率、召回率两部分组成。

在句法分析系统中对于一组需要分析的句子，设语料库中对这组句子标注的所有成分的集合为目标集，句法分析系统实际分析出的句子成分为分析集。分析集和目标集的交集为共有集(也就是句法分析系统分析出的正确的句子成分)。

精确率(precision)用来衡量句法分析系统所分析的所有成分中正确的成分的比例：

$$\text{precision}=\frac{\text{count(共有集)}}{\text{count(分析集)}}$$

召回率(recall)用来衡量句法分析系统分析出的所有正确成分在实际成分中的比例：

 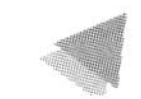

$$\text{recall}=\frac{\text{count(共有集)}}{\text{count(目标集)}}$$

基于统计的句法分析建模过程，实质上是根据已知样本去学习一个能够解释已知和未知数据的统计模型的过程，是一个有限样本情况下的机器学习问题。因此对模型的评价可以考虑模型与观察样本的分布是否拟合。此时可采用模型对样本的平均对数似然来评价模型的拟合程度。

设 $X=\{x_1, x_2, \cdots, x_n\}$ 是给定的数据，q 是模型 M 的概率分布函数，$\tilde{P}$ 是 X 的经验密度函数。模型 M 的对数似然函数为：

$$\tilde{P}(X)=\lg q(X)=\lg\prod_{i=1}^{n}q(x)=\sum_{i=1}^{n}\lg q(x) \quad (5\text{-}1)$$

平均对数似然函数为：

$$\sum_{x\in S}p(x)\lg q(x)$$

5.3.2 两种统计句法分析模型概述

1. 基于历史的句法分析模型

基于历史的模型由 E Black 最早提出，它是一种线性的句法分析模型，其实质类似于 N 元文法模型，只不过 N 元文法中的节点是词或词性符号而基于历史的模型中节点是规则。基于历史的模型认为句法分析的过程可以看作有序的规则重写过程，非终结节点的扩展相当于一系列的产生式使用过程，句子的句法分析结果由产生式序列产生，在当前分析阶段，非终结节点如何扩展由它前面的扩展过程(这里叫作历史)决定。

设 s 为句子，t 为句法分析结果，$<d_1, d_2, \cdots, d_n>$为分析所用序列，则式(5-2)成立：

$$P(s, t)=P(<d_1, d_2, \cdots, d_n>)=\prod_{i=1}^{n}P(d_i|d_1, \cdots, d_{i-1}) \quad (5\text{-}2)$$

则最好的句法分析结果 t'满足：

$$t' = \underset{t}{\operatorname{argmax}}[P(s, t)] = \underset{t}{\operatorname{argmax}}[P(<d_1, d_2, \cdots, d_n> | s)]$$

$$= \underset{t}{\operatorname{argmax}}[\prod_{i=1}^{n} P(d_i | d_1, \cdots, d_{i-1}, s)] \tag{5-3}$$

历史是一个概括化的定义，在当前分析前出现的所有信息都可以作为历史，它可以包含前面使用的规则，扩展的节点的词性或词信息，基于历史的模型可以按照式(5-4)更抽象地定义为：

$$t' = \underset{t}{\operatorname{argmax}}[\prod_{i=1}^{n} P(d_i | \Phi(d_1, \cdots d_{i-1})] \tag{5-4}$$

其中 Φ 为历史的选择函数，对于历史不同选择，对应不同的句法分析模型。PCFG 模型可以认为是历史信息为零的特殊基于历史模型，通过对历史函数的定义可以在句法分析模型中体现上下文信息，词汇信息及语言学知识，从而构造出多种句法分析歧义消解方法。

句法分析的历史序列与句法分析过程相关，比如采用自顶向下、自左至右的分析过程与采用自底向上、自左至右的进程显然不同。已有的基于历史的模型中 Black 在 Lancaster 计算机手册语料上所做的句法分析器采用的是自顶向下、自左至右的分析过程，而 D. Magerman 的 SPATTER 系统所采用的则为自底向上的分析方法。

2. 分层渐近式句法分析模型

PCFG 和基于历史的方法都是一种全局最优的非确定性句法分析方法，需要在整个句法分析结束后才可以选出最优结果，当分析的句子和语法比较复杂时，全局最优需要较大的时间和空间开销，为此 Macus 提出了一种确定性的句法分析算法，句法分析的每一步都不需要保留多个可能结果，而只给出一个确定性结果。但完全确定性的句法分析方法虽然可以很大程度地节约空间

和时间开销，但其显然不符合语言的分析规律。即使是人在分析句子时也需要反复。近年来随着浅层句法分析(shallow parsing)研究的深入，出现了分层的半确定式的句法分析方法。分层渐近式的句法分析方法是将句法分析分为若干子过程，每一过程给出一个确定性的结果，采用渐近的方式，最终实现整个的句法分析。

分层渐近式的句法分析通常将句法分析分为词性标注、浅层分析和句子骨干分析三部分，前一部分的输出将作为后一部分的输入。每一子部分也可以根据情况进一步细分，比如在英语中浅层分析又可进一步分为BNP识别、介词短语附着决策、从句识别等，对于句子的骨干部分仍然可以进一步分层。

分层渐近式的分析方法是一种分治的策略，便于针对具体问题进行具体处理，同全局最优的非确定性句法分析相比时间和空间开销较小。但分层容易形成错误累积，前几步的分析错误可能在随后的分析中被放大，并最终影响句法分析的结果。

5.4 概率上下文无关语法的基本概念

为了介绍概率上下文无关语法，首先需要对要使用的记号做一些说明，如表5-1所示。

表5-1 使用的记号说明

记号	说明
N^i	非终结符号
w^i	终结符号，即词
T	句法分析树

续表5-1

记号	说明
$W_{1m}=w_1w_2\cdots w_m$	待分析的句子，w_i 是组成句子的词
$w_{ab}=w_aw_{a+1}\cdots w_b$	句子的一个子串，句子为其特例。因此，在后面 w_{1m} 和 W_{1m} 可以等价使用
$N^j\Rightarrow w_aw_{a+1}\cdots w_b$	N^j 推导出子串 w_{ab}，或 N^j 支配子串 w_{ab}
N^j_{ab}	表示 N^j 支配句子从位置 a 开始到位置 b 结束的子串
$P(W_{1m})$	待分析串 W_{1m} 的概率

概率上下文无关语法是上下文无关语法的一种扩展，一个概率上下文无关语法是一个四元组：

$$\text{PCFG } \boldsymbol{G}=(\boldsymbol{V_N},\ \boldsymbol{V_T},\ \boldsymbol{N^s},\ \boldsymbol{P})$$

其中，V_N是非终结符号的集合，$V_N=\{N^1, N^2, \cdots, N^i, \cdots, N^n, N^s\}$；$V_T$ 是终结符号的集合，$V_T=\{w_1, w_2, \cdots, w_i, \cdots, w_V\}$；$N^s$ 是语法的开始符号；P 是一组带有概率信息的产生式集合，每条产生式形如 $[N^i\rightarrow\zeta^j, P(N^i\rightarrow\zeta^j)]$，$\zeta^j$是终结符号和非终结符号组成的符号串。$P(N^i\rightarrow\zeta^j)$是产生式的概率，并且有

$$\sum_j P(N^i\rightarrow\zeta^j)=1$$

例 5-1 下面是一组带有概率信息的产生式规则：

S→NP VP　　1.0
NP→NP PP　　0.4
PP→P NP　　1.0
VP→V PP　　0.3
VP→V NP　　0.7
NP→astronomers　　0.1

NP → ears	0.18
P → with	1.0
NP → stars	0.18
NP → telescopes	0.1
V → saw	1.0
ART → a	1.0

例 5-1 中的概率上下文无关语法的规则可以分作两类：一部分规则的右端出现的是某种语言(英语)中的词汇，这些规则可以称为词汇规则；另一部分规则的右端出现的是词汇类别或短语类别符号，常称为语法规则。

如前所述，语法的作用在于帮助进行句子的句法分析，概率上下文无关语法也不例外。依据概率上下文无关语法进行句法分析，首先还是要得到该句子的句法分析树，这与利用上下文无关的语法分析句子是类似的。但是，为了能使用附带了概率的规则进行语法分析，需要首先做如下的几个假设：

(1)位置无关性假设。

子节点概率与子节点所管辖的字符串在句子中的位置无关，即

$$\forall k,\ P(N^{j}_{k(k+c)} \rightarrow \zeta)$$

相同。

下面的例子说明假设(1)的含义。对于式(5-5)中的句子：

$$_{1}A_{2}\text{boy}_{3}\text{saw}_{4}\text{a}_{5}\text{cat.} \tag{5-5}$$

有句法结构树如图 5-1 所示。

在句子(5-3-1)的位置 1，有一个 ART1 → a，在位置 4 也有一个 ART2→a，可看成是节点 ART 处在句子的不同位置，但只要它们管辖的节点都是相同的(即用了相同的词汇规则)，则每个 ART 节点的概率均相同。这即是说 ART 只与其管辖的词 a 有关，而与该词在句子中所处的位置无关。对于句法树中出现的两个

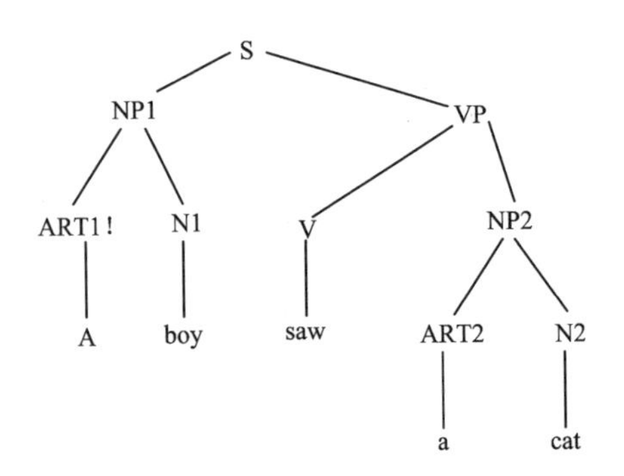

图 5-1 "A boy saw a cat"的句法树

NP 也是一样的情况，由于两个 NP 均管辖相同的串(ART N)，可看成是节点 NP 处在句子的不同位置，它们的概率依据假设(1)也是相同的。

(2)上下文无关性假设。

子节点概率与不受子节点管辖的其他符号串无关，即

$P(N^j_{kl} \to \zeta$ | 从 k 到 l 之外的其他词$) = P(N^j_{kl} \to \zeta)$

例如，在句子(5-3-1)中，如果把 saw 换成 bought，ART，NP 等节点的概率保持不变。该假设是上下文无关假设在概率上的体现，即不仅重写规则是上下文无关的，而且重写规则的概率也是上下文无关的。

(3)祖先节点无关性假设。

子节点概率与导出该节点的所有祖先节点无关，即

$P(N^j_{kl} \to \zeta$ | 节点 N^j_{kl} 的任何祖先节点$) = P(N^j_{kl} \to \zeta)$

例如在图 5-1 中，N1 节点的概率与 S 等祖先节点的概率无关。

有了这三个假设，概率上下文无关语法就不仅继承了语法本身(无附带概率时)的上下文无关，还使得概率也能够上下文无关

地相同使用。这样就可以利用概率上下文无关语法对句子进行句法分析。首先，利用通常的上下文无关语法的句法分析算法，得到句子的句法分析树；然后，为每个节点附带上一个概率，在上述三个假设下，每个节点的概率就是对该节点进行进一步重写所使用的规则后面附带的概率。图 5-2 所示为利用概率上下文语法对式(5-6)中的句子：

Astronomers saw stars with ears. (5-6)

进行句法分析所得到的句法分析树。由于该句子具有二义，因此图 5-2 中得到了两棵不同的句法树。

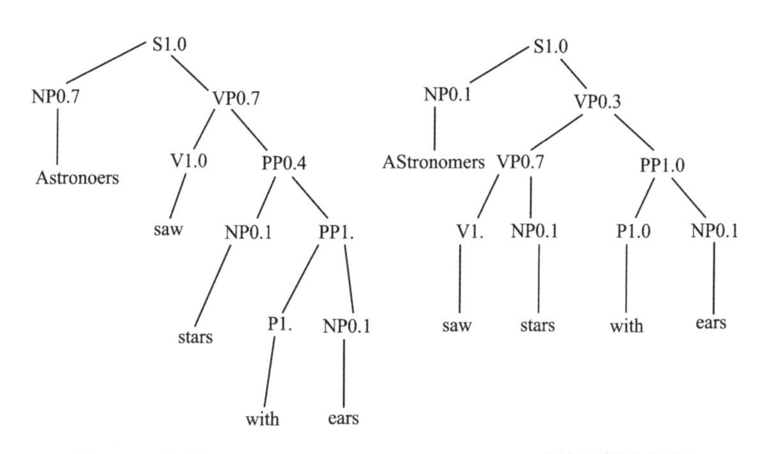

图 5-2 句子“Astronomers saw stars with ears”的两棵分析树

可以看到，与利用上下文无关语法分析句子不同的是，利用概率上下文无关语法得到的句法分析树中每个子树节点上都有一个与之相连的概率。加入这个概率有什么意义呢？一般而言，利用上下文无关语法是希望找出句子的结构，也就是句子的分析树，这棵分析树是进一步分析句子意义的一个基础，从这个角度看，概率上下文无关语法并没有带来任何好处。因为利用概率上下文无关语法能够得到的句子结构，同样可以利用上下文无关语法得到，那么为什么要引入概率上下文无关语法呢?

由语言分析以及句法分析算法可知自然语言中结构歧义是很严重的，尤其是分析算法仅仅基于一部上下文无关语法进行时。通常，一个稍长的句子可能会拥有许多棵不同的句法分析树，那么哪一棵分析树是正确的呢?这一直是困扰自然语言句法分析研究的一个关键问题，即句法排歧问题。例如，对句子(5-3-2)的分析得到了图5-2中的两棵分析树，那么哪一棵分析树是正确的呢?概率上下文无关语法提供了一条解决问题的途径，即利用附在每条规则后的概率给每棵分析树计算出一个概率，利用这个概率来作为评价分析树的依据，拥有最大概率的分析树就是最可能的分析树。计算出一个概率，所以引入概率上下文无关语法的一个最为明显的好处在于句法排歧，因为当一个句子拥有不止一棵分析树时，可以利用分析树的概率来对所有的分析树进行排序。为此，首先要定义概率上下文无关语法分析下的一棵句法分析树的概率是什么。

概率上下文无关语法分析下的一棵句法分析树的概率通常定义为句法分析树中所用到的产生式规则概率的乘积。

例如，图5-2中的两棵句法分析树，可分别计算其概率为:

$$P(T_1)=1.0\times0.1\times0.7\times1.0\times0.4\times0.18\times1.0\times1.0\times0.18$$
$$=0.0009072$$

$$P(T_2)=1.0\times0.1\times0.3\times0.7\times1.0\times0.18\times1.0\times1.0\times0.18$$
$$=0.0006804$$

按照上述利用概率来进行句法排歧的想法，上述例句中的两棵分析树 T_1 的概率是0.0009072，T_2 的概率是0.0006804，因此，T_1 的概率大，T_1 更可能是正确的分析树。这个结论恰好和我们的语感相符，如果不考虑上下文，通常也倾向于认为分析树 T_1 所

表示的句子是正确的。

进而，还可以用式(5-7)来计算一个句子的概率：

$$P(W_{1m}) = \sum_{T} P(W_{1m}, T) \quad (5\text{-}7)$$

其求和是对句子 W_{1m} 的所有可能的句法分析树进行。则句子(5-3-2)的概率为

$$P(W_{15}) = P(T_1) + P(T_2) = 0.0015876$$

可以看到，通过引入概率，概率上下文无关语法的确有助于排除句法歧义。但是，这种排除句法歧义的能力，是通过对一般上下文无关规则附加一个概率而获得的，这是否意味着概率上下文无关语法是把一般上下文无关语法句法排歧的困难转嫁到规则获取上了呢？至少从表面上看是这样的，因为获得一部概率上下文无关语法意味着要同时获得一部语法和一组概率，而对于一般上下文无关语法则只要获得一部语法，因此似乎前者的难度要比后者大。如果在语法完全由人工总结获得时，情况可能是这样的。但是通常即使是没有概率的语法其编纂也是一个非常艰苦而耗时的工作，当语法规则的数量变得多起来时，规则之间的一致性很难保证。因而目前随着语料语言学的发展，一种在自然语言工程中看来更为可行的办法是通过大规模语料自动学习语法规则，这通常称之为语法归纳。经验表明，一方面，概率上下文无关语法的确比无概率的上下文无关语法更适合语法归纳，实现起来更为简单；另一方面，概率规则还带来了无概率规则所没有的而在自然语言工程中特别需要的柔性处理能力。下面分别来说明这两个方面。

为了阐述第一个方面，需要首先了解一般的上下文无关语法规则是怎样通过语法归纳获得的。通常在这些语法归纳方法中，学习的素材分为两个部分，一个部分是正例训练集，由正确合法的句子构成；另一个部分是反例训练集，其中的句子是不合法的句子。训练程序通过对比知道什么是合法的结构，什么是错误的

结构，进而归纳出语法规则。因而用这样的方法学习语法规则，必须同时准备正例训练集和反例训练集。

问题是可以假定语料库中所有句子都是合法的句子，把它们作为正例训练集，然而，反例训练集却不易得到。另外这种需要反例训练集的学习方法似乎也没有很强烈的认知基础。儿童学习语言往往不需要这样的反例训练集，父母们很少指出儿童的哪句话不合乎语法。在引入概率上下文无关语法后，学习问题就是如何得到一部带有概率的语法，使得正例训练集中的句子的概率最大，因此不需要反例训练集。

另一方面，无概率的上下文无关规则意味着所建立的语法规则应该是永远成立的，而这种结论是难以从对有限语料的学习归纳中获得。因为语言的创造性，即使有再多的学习语料，也不能保证某个语法规则在后面的使用中没有例外，总会有某个新句子的语法描述会超出已确定的语法系统的规定。而通过增加概率，一个规则只保证以某个概率成立，只要样本充分大，这个概率就会较准确。

由于概率的存在，可以容许某些“不合法”的句子存在，这就为语言分析带来了柔性。没有概率的规则只带来合法与不合法两个选择。如果作为不合法的句子简单拒绝，这在遇到真实语料时经常是寸步难行的，实践证明，这会使得语言处理无法真正走向实用。而如果把这些句子作为合法的句子加以接受，则本身已经使得规则失去了意义。

而引入概率可以使上述两难境地得到一定程度的缓和。语法可以被分作两个部分，一个部分接受那些通常被认为是合法的句子，并给解释这些合法句子的规则比较高的概率；另一部分则是用来解释“不合法”的句子，但这些规则的概率相对而言都比较小。从而语法不但能处理合法的句子，也可以处理“不合法”的句子，因为“不合法”的句子的概率较小，语法仍然可以有效地区分

合法与不合法。这样，虽然概率上下文无关语法并没有解决人们为什么会使用“不合法”句子的问题，但是带来了传统语法所不具有的柔性处理能力，也就是具有一定的容错能力。这种能力，对于语言处理系统走向实用是非常关键的。

因此，与表面上看来学习一部概率上下文无关语法意味着要同时学习一部语法和一组概率，学习的负担要大于仅仅学习一部上下文无关语法。相反，本质上，概率的引入把严格的归纳学习转化为具有统计意义的归纳学习，反而降低了语法归纳的难度。

尽管如此，语法归纳问题仍是一个比较困难的问题，基于概率上下文无关的语法学习也存在很多需要解决的问题，典型的问题是学习过程的收敛性。有关基于概率上下文无关语法的语法学习表现出，在学习开始时，如果参数选择不同，学习结果会完全不同。

5.5 概率上下文无关语法的基本假设的问题

虽然如前所述，概率上下文语法通过对规则分配概率具有了句法排歧的能力，但是需要指出是，已有的利用概率上下文无关语法进行句法排歧的实验表明，概率上下文无关语法由于其本身的限制，其在句法排歧方面的能力是相当有限的，有时候甚至是适得其反。下面从两个方面看，一个方面是与 N 元语法的比较；另一方面是概率上下文语法本身用于不同句子的句法分析。

首先把概率上下文语法与 N 元语法做一个对比，像 N 元语法那样，概率上下文无关语法也为语言提供了一种概率模型，在这种模型中，语言由各个句子组成，语言的概率即为各个句子概率的乘积。然而，它和 N 元语法的侧重点不同，N 元语法侧重在词汇层，而概率上下文无关语法主要考虑句子的结构因素。

有时候用概率上下文无关语法能比 *N* 元语法更好地描述语言现象。例如对于词串：

I boy a am.

利用概率上下文无关语法能判定它作为合法句子的概率很小，但是用 *N* 元语法就不能得到这个结论。因为 2 元语法和 3 元语法作为语言模型完全忽略了语言的结构因素。又比如对于下面的英文句子：

Fred watered his mother's small garden。

3 元模型可能不能给出一个好的解释，因为概率 *P*(garden | mother's small) 的值较小，但是如果认识到 garden 是短语 his mother's small garden 的中心词(句子的结构信息)，而利用概率 *P* (X = garden | X 是 water 宾语的中心词) 来进行计算，结果会更为合理。并且这也会带来另外一个 3 元语法所不具有的好处，就是参数规模会得到控制。3 元语法要考虑所有可能的词汇共现关系，不管在这些共现中是否存在句法关系，因而参数规模庞大。如果仅考虑具有合法关系的词汇间的共现关系，参数规模就会大大缩小。

但是，在另一些语言现象的解释方面，利用概率上下文无关语法解释又不如利用 *N* 元语法。以英语词串"the green banana"和"the green time"为例，一个 3 元语法可以给词串"the green banana"赋以较高的概率(因为这 3 个词共现的可能性很大)，而给词串"the green time"赋以较低的概率(因为 green 和 time 的共现可能性不大)，这个解释非常符合我们的认识。然而利用概率上下文无关语法，情形就不同了。下面分别写出两个词串的句法分析树，如图 5-3 所示：

它们之间的差别在于 banana 和 time 实现为名词时概率的差别(p5 和 p4 不同)。由于 time 作为名词出现的频次远远比 banana 的高，因此在相应于它们的 N 节点上所标的概率 time 的

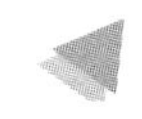

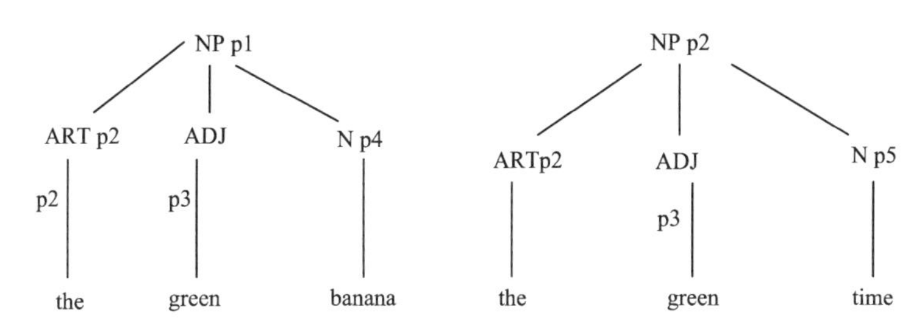

图 5-3 两个词串的句法树

要比 banana 的大(p5>p4)，除此之外均相同。这样，比较两个句法树的概率，可知词串“the green time”比“the green banana”要具可能性。显然这个结论非常不符合我们的认识。

其次，来看概率上下文无关语法对不同句子的分析。把句子(5-6)换成如下的句子：

Astronomers saw stars with telescopes.

利用概率上下文无关语法可以得出图 5-4 的两棵句法树。

可以看到，图 5-4 中的两棵树与图 5-2 中的两棵树的结构分别是完全相同的。除了把 ears 换成 telescopes 以外，所有节点名称没有任何变化；每个节点的概率除了指向 telescopes 的 NP 节点概率均换成另一个相同值(设为 p1)之外也完全不变，于是结论也是不变的，即第一棵树具有较大的概率，这就得出了和常识不符的结果。

出现上述这两个方面情况的原因，可直接归结到上述三个假设，尤其是概率的上下文无关性假设和祖先节点无关性假设。在第一种情况下，time 重写 N 的概率与出现在周围的词是什么无关，而总是取其作为名词的频率；在第二种情况下，telescopes 和 stars 与 saw 在搭配上的差别也没有影响其他各个节点的概率。

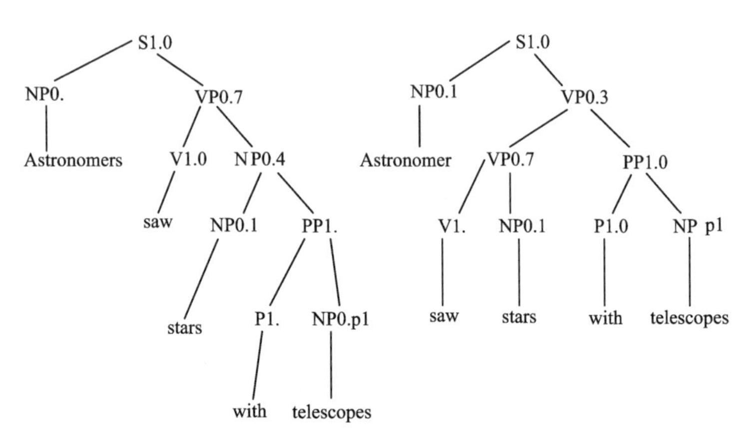

图 5-4　句子"Astronomers saw stars with telescopes"的两棵分析树

而实际上，无论上述何种情况，在确定哪一棵分析树是正确的这个问题上，具体的词汇信息都对句子结构起着重要作用。

因此，至少可以期望，如果能把主要考虑句子结构的概率上下文无关语法在某种程度上词汇化，一定会产生一个更好的语言模型。这是对概率上下文无关语法进行改进的一个重要方向。

5.6　本章小结

本章介绍了句法分析的概念和方法以及几种句法分析统计模型，尤其是概率上下文无关文法。对于基本的概率上下文无关语法，除了规则本身是上下文无关的，很重要的基本假设是规则的概率也是上下文无关的，这与规则的上下文无关假设一样带来两个完全不同方面的影响，一方面使得许多问题得以简化，但另一方面也给概率上下文语法带来很大的局限性。利用概率上下文无

关语法进行句法分析要解决三个基本问题，前两个问题是直接面向解决句法分析的；而第三个问题是关于如何获得规则的概率，这是概率语法归纳的一部分，目前还没有很好的解决办法。

6 基于依存关系的句法分析模型

句子分析是自然语言理解中一个至关重要的环节。句子分析上接篇章理解，下连词汇分析，起着承上启下的作用。目前的汉语句子分析一般是依据句子中词语的词性标记来进行的。而汉语的一系列特点使得汉语单纯依据词语的词性很难确定汉语词语之间的正确的句法关系，也就是说在词类这个平面上很难排除汉语的句法歧义。诸如句法分析中的同形异构问题，就必须借助语义或语境知识来解决。另外，一个词语或短语的句法结构和真正含义以及汉语中的多义词和兼类词的确定都无法将该词语孤立出来进行分析，而必须将其与其所处的句子结合起来加以综合分析方能得出最后结果。

6.1 依存语法

依存语法是由法国的语言学家 Lucien Tesniere(特斯尼耶尔)在其所著的《结构句法基础》(1959)一书中最先提出的。Tesniere认为，作为句子中心的主谓动词支配着其他成分，而不受任何其他成分的控制。依存语法描述的是句子中词与词之间直接的句法关系。这种句法关系是有方向的，通常是一个词支配另一个词，或者说，一个词受另一个词支配，所有的受支配成分都以某种依

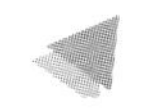

存关系从属于其支配者。这种支配与被支配的关系体现了词在句子中的关系。1970 年，美国计算语言学家罗宾孙(J. Robinson)提出了依存关系的四大公理，为依存语法奠定了基础。依存关系的四大公理为：

(1)一个句子中只有一个成分是独立的；

(2)其他成分直接依存于某一成分；

(3)任何一个成分都不能依存于两个或两个以上的成分；

(4)如果 A 成分直接依存于 B 成分，而 C 成分在句子中位于 A 和 B 之间，那么 C 或者直接依存于 A，或者直接依存于 B，或者直接依存于 A 和 B 之间的某一成分。

这四条公理比较准确地界定了一个依存树所要满足的条件，得到了依存语法研究者的普遍接受。至 20 世纪 90 年代，我国学者开始将依存语法的分析方法应用于汉语语料库语言学的研究，并结合汉语的语法实践，提出了依存关系的第五公理：

(5)中心成分左右两边的其他成分不发生依存关系。

依存语法分析句子的方式，是通过分析句子成分间的依存关系，建立以句子成分为节点的依存语法树，以此表达句子的结构。所以首先要解决的问题是，确定依存语法中句子成分的种类和成分之间的依存关系类型。根据依存公理(1)~(5)，句子中有一个独立成分，称之为中心语(可以是单个的词，也可以是由两个或两个以上的词组合成的短语)。它作为依存关系树的根节点，其他成分都依存于中心语。这些成分有些对句子的结构起决定性作用，称为基本句型成分，包括主语、状语、补语、宾语(含第二宾语)。还有些成分独立于句型结构，主要用于表示插说、句子的语气、时态或停顿等，称为附加成分，包括插入语、叹词、句末语气词、呼告语、应答语、动态助词和标点符号等。

此外，汉语在词类这个语言层次上存在着许多歧义结构，这给汉语的自动句法分析带来了难以逾越的障碍。因此将汉语语义知识加以形式化描述的同时使之具有可计算性，并以一种合理有效的方法引入汉语的句子分析中也是十分必要的。

6.2 基于依存关系的句法分析统计模型

为了解决语言模型中句子中远距离搭配问题，一些语言学家提出了远距离依存的语言模型，其中比较有名的有以下几个：

(1)Cache 语言模型。

$$P(w_i|w_{i-2}w_{i-1}) = \eta P^{\text{cache}}(w_i|w_{i-2}w_{i-1}) + (1-\eta)P^{\text{gerneral}}(w_i|w_{i-2}w_{i-1})$$

(2)Trigger 语言模型。

Trigger 表示具有某种关系的词对的集合，这种关系的定义可以依据互信息或其他准则定义。

(3)Skipping 语言模型。

$$P(w_i|w_{i-3}w_{i-2}w_{i-1}) = \lambda P(w_i|w_{i-2}w_{i-1}) + \mu P(w_i|w_{i-3}w_{i-1}) + (1-\lambda-\mu)P(w_i|w_{i-3}w_{i-2})$$

由于上述模型并不能有效地解决句子中远距离搭配问题，这里就不详细介绍了。研究者意识到在统计语言模型中完全有可能融入语言学的知识并且取得良好的效果，其中在统计句法分析中融入语义知识的模型(即基于语义依存关系的句法分析模型)是研究最多的，下面详细讨论。

6.2.1 基于语义依存关系的句法分析

(1)句子语义依存关系的形式化描述。

设：$W = w_1, w_2, \cdots, w_n$ 是一个长度为 n 的句子。

W 的语义依存关系表示为：

$$SDL(U) = \{SD(1), SD(2), \cdots, SD(n)\}$$

式中：$SD(i)=(j, r)(j=1, 2, \cdots, n)$，第 i 个词是第 j 个词的修饰成分，语义关系为 r，中心词为 w_j。句子“这些年中国经济高速发展”语义依存关系如图 6-1 所示。

举例(这些年中国经济高速发展)

1　2　3　4　5　6

SDL = {(2, Restrictive), (6, Time), (4, Restrictive), (6, Experiencer), (6, Degree), (0, Top)}

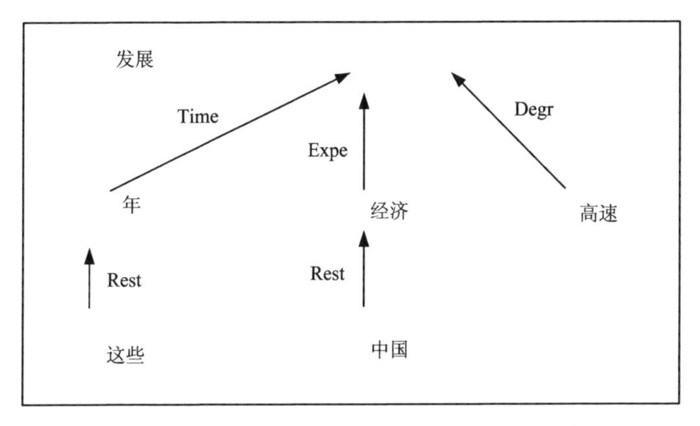

图 6-1　句子“这些年中国经济高速发展”语义依存关系

语义依存关系下隐含的三类信息：

1)搭配知识(这些，年)；(年，发展)；

2)传递知识“经济”的向下依存关系为“Rest”，向上依存关系为“Expe”。

3)配价知识“发展”的配价模式为“(Time, Expe, Degr)”

(2)句子语义依存关系到语义归并依存树的映射算法。

1)语义归并树的表示：

一个依存关系的句子分析过程可以看作句子中的词在依存关

系下的两两词之间的一个归并过程。语义归并树是一棵二叉树。

叶子节点：词信息。

分枝节点：归并后的中心词和归并时使用的关系。

语义归并树与语义依存关系表之间不是一一映射。

2)映射算法：

a. 如果找到的修饰词不是修饰的同一个词，直接根据它们在句子中的位置顺序合并；

b. 如果找到的修饰词修饰的词是同一个中心词，则先对中心词左边的修饰词与中心词进行合并，然后再将合并后生成的新节点与中心词右边的节点进行合并。

句子“这些年中国经济高速发展”的语义归并依存树如图 6-2 所示。

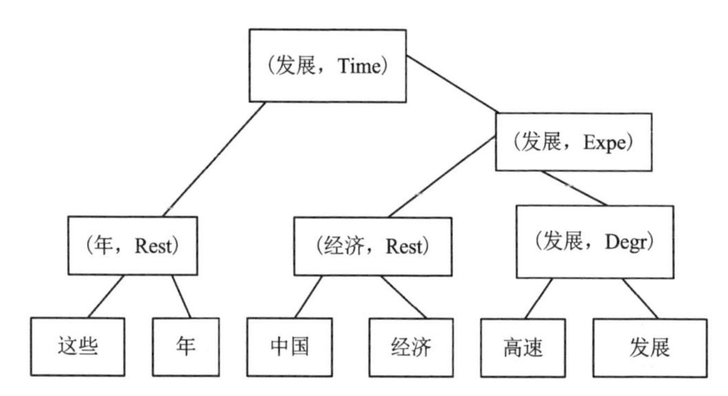

图 6-2　句子“这些年中国经济高速发展”的语义归并依存树

(3)基于语义依存关系的句子分析模型框架。

设 $L=l_1, l_2, \cdots, l_n$ 由 n 个词组成的句子，LT 为由这 n 个词组成的语义归并树，则

$$P(L, LT)=\prod_{k=1}^{n} P(l_k, LT_k \mid L_{k-1}, LT_{k-1})$$
$$=\prod_{k=1}^{n} P(l_k \mid L_{k-1}, LT_{k-1})\times P(LT_k \mid LT_{k-1}, L_k)$$
$$P(LT_k \mid LT_{k-1}, L_k)=\prod_{i=1}^{N_k} P(r_i^k \mid LT_{k-1}, L_k, r_1^k, \cdots r_{i-1}^k)$$

假设计算下一个词时，只与该词前面的词序列构成的部分语义归并树有关

$$P(L, LT)=\prod_{k=1}^{n} P(l_k \mid LT_{k-1})\times P(LT_k \mid LT_{k-1}, L_k)$$

设：$l_i=w_i L=W=w_1, w_2, \cdots, w_n L_k=W_k LT_k=WT_k$ 则可得到基于词的句子语义依存关系的分析模型。

$$P(W, WT)=\prod_{k=1}^{n} P(w_k \mid WT_{k-1})\times P(WT_k \mid WT_{k-1}, W_k)$$

6.2.2 头驱动句法分析模型

在相同的训练语料和测试语料下，Collins 使用 Penn 树库的头驱动英语解析器取得了最好的结果。Collins 的句法分析模型是词汇化模型，它的基本思想是将每个短语的核心单词信息引入上下文无关的规则中。

该句法分析模型为待分析句子每个候选分析树计算出一个概率，用条件概率表示为 $P(T|S)$，则在此模型下，最可能的分析树为：

$$T_{\text{best}}=\underset{T}{\operatorname{argmax}} P(T|S)$$

Collins 把分析树的概率分解为 BaseNPs(B)概率和依存关系(D)的概率乘积。由下式表示：

$$P(T|S)=P(B, D|S)=P(B|S)\times P(D|S, B)$$

这里，S 为带有词性标记的待分析的长度为 n 的英语句子，词性标记采取最大熵标注方法，在 S 中去掉标点符号，并把 BaseNPs 用其中心词表示，形成 $\overline{S}$，则待分析的句子成为<词，词性标记>对的系列。

$\overline{S}=<(\overline{w}_1, \bar{t}_1), (\overline{w}_2, \bar{t}_2), \cdots, (\overline{w}_m, \bar{t}_m)>, m \leqslant n$

分析树到依存结构的映射是依存模型的核心，该系统采取了以下步骤计算 $P(D|S, B)$。

步骤 1　对于分析树中每个句法成分 $P \rightarrow <C_1, C_2, \cdots, C_n>$，确定 P 的中心词，中心词从分析树的叶节点向上传播。

步骤 2　中心词修饰关系的抽取，形成三元组，定义 $AF(j)=(h_i, R_j)$，它表示在 $\overline{S}$ 中的第 j 个词是第 h_j 个词的修饰词。它们之间具有关系 R_j，D 定义为依存关系的 m 元组。

$$D=\{AF(1), AF(2), \cdots, AF(m)\}$$

$$P(D|S, B)=\prod_{j=1}^{m} P(AF(j)|S, B)$$

模型中，非终结符形如：$X(x)$，其中 $x=<w, t>$，w 是短语对应核心词，t 是核心词的词性标记；终结符形如：$t(w)$，其中 w 为词，t 为词性；规则形如：

$$P(h) \rightarrow L_n(l_n) \cdots L_1(l_1) H(h) R_1(r_1) \cdots R_m(r_m) \qquad (6\text{-}1)$$

式中：P 为非终结符，h 为核心节点所在短语的符号标记和词信息，L_i 表示核心成分的左边成分，R_i 表示核心成分的右边成分。

一棵句法分析树和它对应的头驱动的规则如图 6-3 所示：

Top→S(bought)

S(bought)→NP(week)NP(Marks)VP(bought)

NP(week)→JJ(Last)NN(week)

NP(Marks)→NNP(Marks)

VP(bought)→VB(bought)NP(books)

NP(books)→NNS(books)

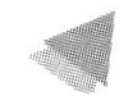

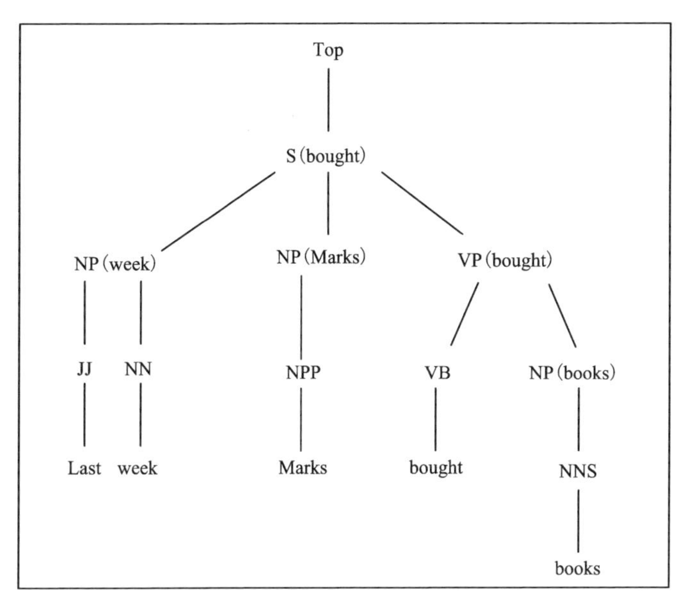

图 6-3　头驱动句法分析规则

由于引入词汇信息，不可避免将出现严重的数据稀疏问题，为了避免数据稀疏问题，Collins 采取了把规则分解（break down the rules）方法。即在训练语料中把每一条规则分解成若干个对应其头节点的依存规则。

已知规则：$P(h) \to L_n(l_n) \cdots L_1(l_1) H(h) R_1(r_1) \cdots R_m(r_m)$，规则的概率由核心成分的概率、核心成分的左依存概率和右依存概率组成，即满足式（6-2）：

$$P_H(H \mid P, h) \times \prod_{i=1, n+1} P_L[L(l_i) \mid P, H, h] \times \prod_{i=1, m+1} P_R[R(r_i) \mid P, H, h] \qquad (6-2)$$

例如，规则 S（VP，bought）→ NP（week）NP（Marks）VP

(bought)的概率为：

$$p_h(\mathrm{VP}|\mathrm{S},\ \mathrm{bought})\times P_l(\mathrm{NP},\ \mathrm{week}|\mathrm{S},\ \mathrm{VP},\ \mathrm{bought})\times$$
$$p_l(\mathrm{NP},\ \mathrm{Marks}|\mathrm{S},\ \mathrm{VP},\ \mathrm{bought})\times p_l(\mathrm{STOP}|\mathrm{S},\ \mathrm{VP},\ \mathrm{bought})\times$$
$$p_r(\mathrm{STOP}|\mathrm{S},\ \mathrm{VP},\ \mathrm{bought}) \tag{6-3}$$

每条依存关系的概率使用极大似然估计(maximum likeihood estimation)的方法统计，比如：

按照式(6-4)在规则中引入核心节点的词汇信息；

$$p_l(\mathrm{NP},\ \mathrm{Marks}|\mathrm{S},\ \mathrm{VP},\ \mathrm{bought}) = \frac{\mathrm{Count}[(\mathrm{NP},\ \mathrm{Marks}),\ (\mathrm{S},\ \mathrm{VP},\ \mathrm{bought})]}{\mathrm{Count}(\mathrm{S},\ \mathrm{VP},\ \mathrm{bought})} \tag{6-4}$$

通过分解上下文无关规则，削弱了上下文无关规则的结构信息，结构信息由核心节点中当前节点的左侧或右侧反映。词汇信息的引入无疑增加了句法分析的歧义处理能力。分解上下文无关规则，一方面解决了由引入词汇信息而导致的数据稀疏问题；另一方面，对规则进行分解后，可以对训练过程中没有出现的上下文无关规则进行重组，在一定程度上解决了上下文无关规则的数据稀疏问题。

但进一步的实验表明，在句法分析中，规则结构信息的消歧能力强于词汇信息。与 PCFF 的对比实验表明，由式(6-2)构造的句法分析器不如 PCFF 模型有效。为此 Collins 在模型中添加了一个距离函数，以弥补结构信息的不足。距离信息考虑三种情况：①成分前是否有成分；②动词是否出现在成分前；③成分前是否有标点符号。

最终规则的概率评价函数如式(6-5)所示：

$$P_H(H|P,\ h)\times\prod_{i=1,\ n+1}P_L[L(l_i)|P,\ H,\ h,\ \Delta_l(i-1)]\times$$
$$\prod_{i=1,\ m+1}P_R[R(r_i)|P,\ H,\ h,\ \Delta_r(i-1)] \tag{6-5}$$

中心词驱动句法分析模型添加了词法信息，以提高句法分析

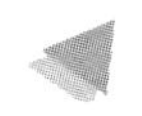

模型的歧义解析能力。但这不可避免地带来了数据稀疏性的问题，因此Collins使用退避方法来平滑数据。解决中心词驱动句法分析模型中的稀疏问题是提高句法分析性能的关键。

6.3　一种新型的基于依存关系的统计模型

在基于统计的句法分析模型中，最常用的模型是概率上下文无关模型(PCFG)，它具有形式简单、参数规模小、分析效率高的特点。但是，它忽略了分析中消除歧义所必需的上下文相关信息，并且其歧义消除能力非常有限。近年来，将语义和其他语言知识相结合的统计句法分析模型已成为研究热点，这也可能是句法分析取得突破的关键。但如何引入，引入哪些知识，怎样将语言学知识与统计模型融合起来是十分困难的问题。本人一直在进行这方面的研究，并建立了一种充分利用语义、语法等语言知识，同时考虑了邻接等上下文关系的统计模型，该统计模型在用于句法分析的同时，还能进行词性标注、分词等工作。上节(6.2)已经提到Collins的头驱动句法分析模型存在数据稀疏问题，因此，该统计模型是建立在聚类的基础上的。与传统聚类方法不同，下面要讨论的聚类方法是基于语义、语法依存关系。

6.3.1　基于依存关系的词的聚类

在汉语的基本句型中，绝大多数句子的中心语是由动词(短语)担当的，只有少数句子其中心语是由形容词或名词担当的。同样在汉语的基本句型中绝大多数的句子的主语和宾语都是由名词(短语)担当的，只有少数句子其主语和宾语是由形容词或动词(短语)担当的。由于句子的中心语支配着句子中的其他成分(主语、宾语、状语、补语)，所以有必要对动词、名词和形容词等各种词的语义知识进行分析并加以分类，进而能从中总结出中心语与各被支配成分之间的语义关系。

概念是客观事物在人脑中的映象，是最基本的认知单位。心理学的实验证明，人脑是以动词为基点安排语序和表达思想的。我们将动词分为6类：作用、过程、转移、效应、关系、状态和判断，并将其分层细化。动词有若干语义特征，概念分类、概念框架和语义框架都是动词的语义特征。讨论语义框架的目的之一是考察语义框架平面对句子的分析能力。动词的语义框架是一个具体动词或动词类的概念框架的具体化。具体化的第一步是要确定一个动词或动词类可能和几个“事物”或“事件”相连，这就是配价概念，动词支配名词性成分或元的个数就是价。“事物”或“事件”是抽象的动元。动词的价最多为三个，一价动词只要求有一个主语，二价动词则要求有一个主语和一个宾语，而三价动词不但要求有一个主语和一个宾语(直接)，还要求另一个宾语(间接)。价是语法概念，转换成语义概念时称为槽。槽是以格名称谓。常用的几种典型的格关系有：施事(AGT)、受事(OBJ)、对象(REC)、时间(TIME)、处所(LOC)、工具(TOOL)、条件(COND)、目的(GOAL)和方式(MAN)等。动词的槽有必选与可选两种。一般来说，必选格是句子的基本组成成分(施事、受事和对象等)，而可选格是句子的附加成分(时间、处所、工具、条件、原因、目的和方式等)。

动词对名词类别的选择决定了什么类的名词能添入什么样的槽内，我们称之为动词对名词的制约选择。从原则上说，动词的概念定义就决定了动词的制约选择。例如，依据作用动词的概念定义，动词的施事必然是能发出使感官直接感受到具体活动的义类名词，其受事则必然使能接受这种活动的义类名词；其余类推。

综上所述，根据语义依存关系和语法特性对词进行分类很有

必要。当然，这些分类可以由语言学家依据语言知识进行，但利用统计模型，结合语言学知识对词自动聚类的方法可能更为可取。

聚类算法有很多种，本书第 2.4 节讨论了基于词相似度的聚类算法，下面要讨论的聚类方法也是基于词的相似度，但不同的是：第 2.4 节定义的词相似度建立在有邻接关系的词之间的互信息基础上，而这里定义的词相似度建立在有语义、语法依存关系的词之间的互信息基础上。

设 w_1，w_2 是具有依存关系 rel 的词对，用三元组(w_1, rel, w_2)表示词对和它们之间依存关系。则词对(w_1, w_2)在依存关系 rel 下的互信息如式(6-6)定义：

$$I_{rel}(w_1, w_2) = \lg \frac{p(w_1, w_2 | rel)}{p(w_1 | rel) p(w_2 | rel)} \tag{6-6}$$

其中

$$p(w_1, w_2 | rel) = \frac{p(w_1, rel, w_2)}{p(rel)}$$

这里计算要用到的概率使用公式(6-7)、式(6-8)、式(6-9)、式(6-10)等极大似然估计的方法统计：

$$p(w_1, rel, w_2) = \frac{\text{Count}(w_1, rel, w_2)}{\text{Count}(*, *, *)} \tag{6-7}$$

$$p(w_1 | rel) = \frac{\text{Count}(w_1, rel, *)}{\text{Count}(*, rel, *)} \tag{6-8}$$

$$p(w_2 | rel) = \frac{\text{Count}(*, rel, w_2)}{\text{Count}(*, rel, *)} \tag{6-9}$$

$$p(rel) = \frac{\text{Count}(*, rel, *)}{\text{Count}(*, *, *)} \tag{6-10}$$

式中：* 表示可能的词或依存关系，因而有式(6-11)：

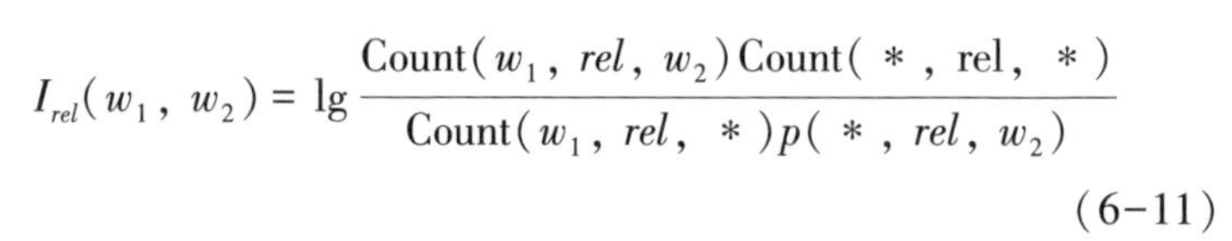

$$I_{rel}(w_1, w_2) = \lg \frac{\mathrm{Count}(w_1, rel, w_2)\mathrm{Count}(*, \mathrm{rel}, *)}{\mathrm{Count}(w_1, rel, *)p(*, rel, w_2)} \tag{6-11}$$

定义 6.1　词 w_1, w_2 在依存关系 *rel* 下的相似度如式(6-12)定义为：

$$\mathrm{sim}_{rel}(w_1, w_2) = \frac{\sum_{w} P(w)\min[I(w, w_1), I(w, w_2)]}{\sum_{w} P(w)\max[I(w, w_1), I(w, w_2)]} \tag{6-12}$$

定义 6.2　词 w_1, w_2 的相似度则如式(6-13)定义为：

$$\mathrm{sim}(w_1, w_2) = \sum{}_{rel} p(rel)\mathrm{sim}_{rel}(w_1, w_2) \tag{6-13}$$

式(6-13)中的求和只需对具有依存关系 *rel* 的词进行，计算量并不大，定义 6.1 和定义 6.2 可根据实际使用选择。比如在句法分析中，若已假定某种依存关系存在，则使用定义 6.1 效果更好。

6.3.2　基于依存关系和聚类的句法分析模型

在进行句法分析前，将词语的词类信息、语义信息(包括语义类、语义搭配信息)、语法信息(包括语法类、能担当的句法成分、语法搭配信息)预先输入，其中每一类信息可能不止一种，必须将各种信息都输入。这些信息通过两种方法得到：一是利用统计模型和训练语料学习得到(如上面提到的聚类)，二是由语言学家总结。这些信息在进行句法分析时要用到。

在使用该模型前，先利用其他的句法分析方法(如上下文无关语法)进行句法分析，得到所有可能的句法树，再利用预先输入的词语信息对词语进行句法成分标注，以及归纳出它们之间的语法、语义依存关系，最后利用该模型对句法树进行选择。

该模型在进行概率计算时采取自上而下分层，自左至右的算法。设 A 表示当前词，T_A 表示其词性，B，C，D，…表示在 A 上层和前面的词，T_B，T_C，T_D，…表示它们的词性。按照式(6-14)计算条件概率：

$$P(A, T_A | B, T_B, C, T_C, D, T_D, \cdots) = P(A | T_A, B, T_B, C, T_C, D, T_D, \cdots) \cdot P(T_A | B, T_B, C, T_C, D, T_D, \cdots) \tag{6-14}$$

由马尔可夫族模型(在第5章介绍)的性质可知，词只与它的词性和其他词有关，而与其他词的词性无关；词性只与该词和与它有语法关系的核心词(即头词)以及其他词的词性有关，而与其他词无关。再结合依存语法可以认为，词只与它的词性和其他与该词有语义依存关系的核心词有关。笔者认为：在一个句子中，与一个词有语义依存关系的核心词可能不止一个，这跟通常的依存语法有点不同，下面说明其合理性。如在句子 Astronomers saw stars with telescopes 中词 telescopes 在语义搭配上既跟其直接的核心词 with 有关，也与整个句子的核心词 saw 有关)，当然依存强度可能有所区别。而与一个词有语法关系的核心词只能有一个(这一点比较好理解，在用概率上下文无关语法进行句法分析时。应用于每个词的产生式的祖先节点只有一个)。

不妨设与词 A 有语法关系的核心词为 B，语法关系为 R，与其相邻的前面两个词为 C 和 D，下面计算式(6-14)右边的第二个条件概率为式(6-15)：

$$P(T_A | B, T_B, C, T_C, D, T_D, \cdots) = P(T_A | B, R, T_C, T_D) = \frac{P(B, R, T_C, T_D | T_A) \cdot P(T_A)}{P(B, R, T_C, T_D)} \tag{6-15}$$

假定 B、R 与 T_C，T_D 相互独立(这种假定并不强)，当然关于条件 T_A 相互独立，则有式(6-16)：

$$P(T_A | B, T_B, C, T_C, D, T_D, \cdots)$$

$$= \frac{P(B, R|T_A) \cdot P(T_C, T_D|T_A) \cdot P(T_A)}{P(B, R) \cdot P(T_C, T_D)} \quad (6\text{-}16)$$

再由贝叶斯公式有式(6-17)、式(6-18):

$$P(B, R|T_A) = \frac{P(T_A|B, R) \cdot P(B, R)}{P(T_A)} \quad (6\text{-}17)$$

$$P(T_C, T_D|T_A) = \frac{P(T_A|T_C, T_D) \cdot P(T_C, T_D)}{P(T_A)} \quad (6\text{-}18)$$

将上两式代入式(6-15)中，即有:

$$P(T_A|B, T_B, C, T_C, D, T_D, \cdots) = \frac{P(T_A|B, R) \cdot P(T_A|T_C, T_D)}{P(T_A)} \quad (6\text{-}19)$$

条件概率 $P(T_A|B, R)$ 相当于在上下文无关规则的概率计算中引入每个短语的核心词信息。如产生式 VP→V NP 改为:

VP(saw)→V(saw)NP(president)

由于数据稀疏问题，核心词可用核心词的语法类(有相同语法搭配关系的一类词)来代替。而 $P(T_A|T_C, T_D)$ 即为词性标注中常用的三元模型(当然可以用二元模型)。因此，式(6-13)意义明确。

设与词 A 有语义依存关系的核心词为 E 和 F，依存关系为 rel_E，rel_F，则式(6-14)右边的第一个条件概率为式(6-20):

$$P(A|T_A, E, rel_E, F, rel_F) = \frac{P(T_A, E, rel_E, F, rel_F|A) \cdot P(A)}{P(T_A E, rel_E, F, rel_F)} \quad (6\text{-}20)$$

经与上面类似的计算可得式(6-21):

$$P(A|T_A, E, rel_E, F, rel_F)$$

$$= \frac{P(A|T_A) \cdot P(A|E, rel_E, F, rel_F)}{P(A)} P(A|T_A, E, rel_E, F, rel_F)$$

$$=\frac{P(A|T_A)\cdot P(A|E, rel_E, F, rel_F)}{P(A)} \tag{6-21}$$

为了减少参数较多引起的数据稀疏问题，条件概率 $P(A|E, rel_E, F, rel_F)$可使用插值方法计算：

$$P(A|E, rel_E, F, rel_F)=\lambda_E P(A|E, rel_E)+\lambda_F P(A|F, rel_F) \tag{6-22}$$

$$0<\lambda_E<1,\ 0<\lambda_F<1,\ \lambda_E+\lambda_F=1$$

式中：$P(A|E, rel_E)=\frac{P(A, rel_E, E)}{P(*, rel_E, E)}$ $P(A|E, rel_E)=\frac{P(A, rel_E, E)}{P(*, rel_E, E)}$，符号 * 的含义和概率 $P(A, rel_E, E)$，$P(*, rel_E, E)$的计算参见 6.3.1 节，参数 λ_E，λ_F 通过语料训练得到。为了进一步减少数据稀疏，可用词 A，E，F 归属的语义类 W_A，W_E，W_F 代替 A，E，F，2.1 节讨论的基于词类的统计模型有很多种，现选择一种较简单的模型计算式(6-22)：

$$P(A|E, rel_E, F, rel_F)=\lambda_E P(A|W_A)P(W_A|W_E, rel_E)+\lambda_F P(A|W_A)P(W_A|W_F, rel_F) \tag{6-23}$$

综上所述，该模型的计算包括式(6-16)、式(6-21)两部分，其中式(6-21)右边的分子由式(6-23)计算。该统计模型用于句法分析的同时，还可以进行词性标注和分词。在概率上下文无关文法中，该模型较好地解决了概率上下文无关性假设和祖先节点独立性假设引起的问题。与 Collins 的头驱动解析模型相比，该模型还具有几个明显的优点：①词性标注不仅考虑句子的语法依赖性，还考虑了相邻单词的词性标注之间的关系；②该模型基于聚类，数据稀疏性问题不严重；③该模型可以同时考虑多个语义依赖性。

6.4 本章小结

本章提出了一种基于聚类和依存关系的句法分析模型。本章介绍了依存语法和基于语义依存的句法分析算法，特别是 Collins 的中心词驱动句法分析模型。该模型成功地将语言知识与统计方法相结合，其概率意义也非常明显。与概率上下文无关文法模型和 Collins 的中心词驱动句法分析模型相比，它具有明显的优势。

7 融合语言学知识的结构化句法分析

7.1 引言

对自然语言的句法结构进行语法、语义、语用等多方面、多角度的分析，近年来已成为汉语语言学界的共识，三个平面的研究已成为现代汉语研究中的热点，越来越多的专家学者参与其中。但这些研究各有不同的研究角度，而没有将不同的语言特性综合考虑，系统地将其应用到句法分析中去，建立规则与统计方法相结合的句法分析模型。

本章成功地建立了一种句法分析模型，该句法分析模型基于规则与统计方法相结合，将语法、语义、语用等语言学知识融入句法分析中：首先根据语法、语用知识对句法结构进行层次分析（两个单词构成的短语只有一个层次，所以不需要进行层次分析，但是如果有 2 个以上的单词在 2 个以上层次上进行组合，就需要进行层次分析）。其次运用语法功能等语法特性分析同一层次的结构之间的组合关系和语法关系，并根据语用知识分析它们的排列顺序。最后，我们必须考虑结构中单词（短语或句法成分）之间的语义依赖性。笔者将该句法分析模型命名为融合语言学知识的结构化句法分析模型。

将语法、语义、语用等语言学知识融入句法分析，建立规则与统计方法相结合的模型，需要做好两方面的事情：一方面为了能在模型中运用语言学知识，要适当修改传统的语言学知识，并根据语言现象总结一些新的能在模型中运用的语言学规则和知识；另一方面要根据语言学知识的特点选择适当的统计模型。下面首先讨论句法分析过程用到的一些语言学知识。

7.2 语言学知识

7.2.1 语法分析

1. 句子成分的分析

句子成分是指构成句子的各组成部分，即词和词组在句子中的各种语法意义。根据传统的语法理论，句子成分主要有主语、谓语、宾语、定语、状语和补语。此外，还有同位语、独立语等。但我们认为这种句子成分分类方法不适合上面所提到的层次分析，也不利于用统计方法对句子进行分析。首先将谓语（中心动词短语）作为句子的中心成分，其他结构（短语）依据其是否与谓语有直接的语法关系而确定是否为句子成分。因而句子成分主要有主语、谓语、宾语和状语，定语和补语不作为句子成分。每一种句子成分都可以由不同种类的结构（短语）或词类担任：

谓语是指动作、行为或所处的状态。动词通常作谓语。

主语是指句子谈论的主题，也就是句中动作、行为、性质和状态的主体。名词、代词、数词、动词不定式可作主语。

宾语表示动作、行为的对象。名词、代词、数词、动词分词、动词不定式等可作宾语。宾语可分为直接宾语和间接宾语两类。

直接宾语表示动作行为的直接对象，用于及物动词之后。作宾语的名词、代词、形容词要用宾格形式。间接宾语表示动作行为的间接对象。

状语表示动作行为或状态发生的时间、地点、条件、目的、原因、结果、程度、方式，状语用于修饰谓语，副词、介词短语或动词分词可作状语。

句子成分之间不但有语法(组合)关系，而且有排列关系，且其排列顺序关系较为灵活，这给自然语言的处理带来很大的困难，后面将在语用分析和模型分析中再详细讨论这一问题。

2. 短语的语法分析

不同短语内部存在不同的语法关系，根据短语组成成分的语法特征及其相互间的语法关系可对短语进行分类：

主谓短语：由两个部分组成，后一部分陈述前一部分。前一部分叫主语，后一部分叫谓语。其基本格式是 NP+VP。例如：思想 || 解放。

动宾短语：由两个部分组成，前一部分表示动作、行为或表示存现关系等，叫动语；后一部分表示被动语所支配、关涉的对象，叫宾语。二者是支配与被支配、关涉与被关涉的关系。其基本格式是 VP + NP。例如：热爱 | 祖国。

偏正短语一定由两个部分组成，前一部分修饰、限定后一部分，被修饰、限定的部分叫中心语。可分为定中短语和状中短语两大类。定中短语中其修饰、限定成分叫定语，其基本格式为 NP + 的 · VP，例如：(经济)的发展。

中补短语：由两个部分组成，后一部分补充或说明前一部分，被补充说明的部分为中心语，补充说明的部分叫补语。其基本格式为 VP + Vd。例如：坚持<下去>。

联合短语：由两个部分或两个部分以上组成，各部分的关系或并列或选择或递进或承接。其基本格式为 NP + NP + NP(并列关系)。例如：北京、上海、广州(并列关系)。

同位短语：由两个部分组成，前后部分语法地位一样，所指内容相同，意义上构成复指关系，结构上构成同位关系。其基本格式为 NP + NP。例如：我们大家。

兼语短语：由一个动宾短语和一个主谓短语套合而成，动宾短语的宾语兼任主谓短语的主语。其基本格式为 VP + NP + AP。例如：使祖国富强。

量词短语：由量词构成的短语。它可分作数量短语、指量短语和问量短语三小类。例如：一棵(数量短语)，这本(指量短语)，哪条(问量短语)。

方位短语：由方位名词置于其他词语后构成。它既可表示处所、范围义，又可表示时间义；由“上”“中”“下”组成的还可表示方位义、条件义。例如：教室里。

介词短语：由介词置于其他词语前构成，用于表示与动作等相关的时间、处所、范围、对象、目的、原因等。例如：到现在。

……

以上是根据短语内部不同的语法关系对短语进行分类，此外还有其他的分类方法，其中在句法分析的统计模型将要用到的是语法功能分类。这一角度的分类，是对短语与其他词语的组合能力的一种分类。它主要考察某个或某种结构类型的短语经常和哪一类或哪几类词语组合、怎样组合以及经常充当哪类句法成分。这些类型有：名词性短语、形容词性短语、动词性短语和副词性短语。

在对短语(结构)进行传统的语法分析基础上，还可对短语(结构)进行以下层次分析：

(1)一个短语可能由几个短语组成，其中有一个短语是中心子短语(也就是这个短语的头)，其他短语与中心子短语有直接的

语法关系。例如：短语“认真学习汉语语法”由短语“认真学习”“汉语语法”组成，其中“认真学习”是中心子短语。

(2)经过逐层分析，短语最后由词组成，或词和短语组成，其中有一个词是中心词(头词)，而其他的词修饰中心词，例如：短语“一个红色的苹果”由短语“一个”“红色的”“苹果”组成，“苹果”是中心词。(“一个红色的苹果”不能认为由短语“一个”“红色的苹果”组成。)而短语“认真学习”由词“认真”“学习”组成，“学习”是中心词；短语“汉语语法”由词“汉语”“语法”组成，“语法”是中心词；结构(短语“认真学习汉语语法”)的中心词是它的中心子结构(短语“认真学习”)的中心词“学习”。

3. 词的语法分析

为了进行语法研究与信息处理，需要把语法功能相同的或者相近的词归成一类。这里包含两项工作：一项是要针对汉语词语的全集，按照某种标准，建立一个分类体系；另一项工作是决定该全集中的每一个词语究竟属于哪一个词类，这项工作可以叫“归类”，不过人们习惯上也在“归类”的意义上使用“分类”这个术语。

有些词只有一个词性，不管它们出现在文本中的什么位置，它们的词性都是一样的。例如“我们”总是代词。有些词有两个或两个以上的词性，这些词在文本中的不同位置具有不同的词性。但在句子中，每一个词的词性是唯一确定的，不同词性的词具有不同的语法特性和语法功能，可担当不同的句法成分：在汉语的基本句型中，绝大多数句子的中心语是由动词(短语)担当的；同样在汉语的基本句型中绝大多数的句子的主语和宾语都是由名词(短语)担当的。

在传统的语法基础上，我们归纳总结了下列一些适用句法分析统计模型的语法特性：

(1)强调句子结构内部的层次，在句法树的基础上，对句子进行逐层分析：首先是句子成分层，然后是短语层，直至短语由单词组成。在每一层的结构分析中首先确定该层的中心子结构，再根据与中心子结构是否有直接的语法关系确定为该层的其他子结构。

(2)头驱动的特性：每一层的结构中有一个中心子结构(短语)，每一个结构(短语)有一个中心词(头词)。根据这一特性将概率上下文无关语法中的产生式 VP→V NP 改为：

$$VP(saw) \rightarrow V(saw)\,NP$$

即在上下文无关规则的概率计算中引入每个短语的核心词信息。

(3)语法功能原则：每一层的结构与该层的中心结构都有直接的语法功能关系，并且依照语法功能关系组合成一个新的结构。

(4)结构的排列顺序：不同的结构排列顺序体现不同的语法关系、语义、语用，但在一定的语法结构关系下，排列顺序并不是完全固定不变的，特别是在句子成分这一层次，排列顺序具有较大的灵活性。关于语序的问题，传统语法论述得较多，但在我们提出的结构化句法分析模型，有一点要强调指出：在句法结构中，只有处于同一层次的结构之间才有排列顺序关系，也就是说，不是同一层次的结构不能插入这些同一层次的结构组成的结构中。

(5)在句子成分这一层次上，谓语是中心成分(结构)，主语、宾语和状语是与谓语有直接语法功能关系的其他句子成分。主语、谓语、宾语和状语组成句子。其中主语、谓语、宾语是句子的基本组成成分(施事、受事和对象等)，而可选格是句子的附加成分(时间、处所、工具、条件、原因、目的和方式等)。在我们提出的结构化句法分析模型中，将建立根据语法功能关系分类，

以谓语为条件的相互独立的概率子空间。

(6)词性标注：句法分析的结果包含了对词性的确定，反过来在句法分析的过程中，词性标注对最终的句法分析结果的准确率有很大的影响。在我们提出的结构化句法分析模型中，对直接由词组成的短语内部，词性标注可采用通常的词性标注 N 元模型来提高标注的准确率。我个人认为，在一个句子中，相邻词的词性不一定具有明确的语法关系，只有句法结构中有语法关系的结构(短语)的中心词(头词)之间的词性或直接由词组成的短语内部的词之间的词性才具有明确的语法关系。因此，在结构化句法分析模型中采用词性标注 N 元模型不但可提高句法分析的准确率，而且可获得比单纯的只用于词性标注的统计模型更好的词性标注结果。

7.2.2　语义分析与语义角色标注

1. 语义分析

句法结构是句法形式和语义内容的统一体。对句法结构不仅要做形式分析，例如句法层次分析、句法关系分析以及句型分析等，而且还要做种种语义分析。对句法结构的语义分析越全面、越深刻，就越有可能对句法形式上的各种现象给以科学合理的解释。

(1)句法关系和语义关系。

在句法结构中，词语与词语之间不仅发生种种语法关系，而且发生种种语义关系。语义关系是指隐藏在句法结构后面由该词语的语义范畴所建立起来的关系。句法关系是句法关系，语义关系是语义关系，这两者可能一致，也可能不一致。例如：

1)小李吃了 / 苹果吃了

2)吃饭了 / 来人了

例1)是主谓关系，从语义上分析，“小李”跟“吃”是“施事——动作”关系，“苹果”跟“吃”是“动作——受事”关系。例2)是述宾关系，从语义上分析，“吃”和“饭”是“动作——受事”关系，“来”跟“人”是“施事——动作”关系。可见，主语不等于施事，宾语也不等于受事。所谓“主语”“宾语”实际上就是一种句法结构关系，可能包含着多种语义关系，反之，一种语义关系也可能构成多种结构关系。

(2)词语搭配和语义特征。

词与词在选择搭配时既有一定的语法限制，也有一定的语义限制。这种语义限制实际上就是词与词在语义成分上的适应性，如果没有这种语义的适应性，句法结构便不能组合起来。这种适应性，实际上就是语义特征的限制。词语中符合某种组合选择的有区别性特征的最小语义成分就是语义特征。例如，“揉”这一动词要求与之搭配的受事词语必须具有[+固体]、[+柔软]这样的语义特征，“衣服”“皮肤”“面团”同时具有[+固体]、[+柔软]这两个语义特征，因此可以同“揉”这一动词搭配(“揉衣服、揉皮肤、揉面团”)，但“泉水”不具备[+固体]这一语义特征，“石头”不具备[+柔软]这一语义特征，因此它们都不能与动词“揉”相搭配(“*揉泉水、*揉石头”)。再比如，助词“着”表示动作或状态的持续，因此只有具有[+持续]语义特征的动词才能带助词“着”(“唱着、跳着、听着”)，而不具有[+持续]语义特征的动词则不能带助词“着”(“*他正到着、*会议开始着”)。

(3)语义依存关系与基于语义依存关系的统计模型。

法国语言学家LucienTesniere(特斯尼耶尔)在其所著的《结构句法基础》(1959)一书中最先提出的。Tesniere主张主要述语动词作为一个句子的中心，支配其他成分，而它本身不受任何其他成分控制。依存语法描述的是句子中词与词之间直接的句法关系。这种句法关系是指向性的，通常是一个词支配另一个词，也

就是说，一个词被另一个词支配，在一定的依存关系中，所有被支配的成分都从属于它的支配者。这种支配与被支配的关系体现了词在句子中的关系。1970年，美国计算语言学家J. 罗宾孙(J. Robinson)提出了依存关系的四大公理，奠定了依存语法的基础。

上述传统依存语法理论和通常的头驱动统计模型都认为句中的一个词只依附于句中的另一个词。但在本章的句法分析模型中认为：在一个句子中，与一个词有语义依存关系的中心词(头词)可能不止一个，如在句子Astronomers saw stars with telescopes中词telescopes的语义搭配与整个句子的直接核心单词“with”和核心单词“saw”都相关，当然，依赖程度可能有所不同。

设w_1与句中的词w_2，w_3分别具有依存关系rel_1，rel_2，用三元组(w_1，rel_1，w_2)，(w_1，rel_2，w_3)表示词对和它们之间依存关系，则w_1在与词w_2，w_3分别具有依存关系rel_1，rel_2的条件下的概率为式(7-1)：

$$P(w_1|w_2, rel_1, w_3, rel_2) = \lambda_1 p(w_1|rel_2, w_2) + \lambda_2 P(w_1|rel_2, w_3) \quad (7-1)$$

$$0<\lambda_1<1,\ 0<\lambda_2<1,\ \lambda_1+\lambda_2=1$$

其中，$P(w_1|w_2, rel_1) = \dfrac{P(w_1, rel_1, w_2)}{P(*, \mathrm{rel}_1, w_2)} P(w_1|w_2, rel_1) = \dfrac{P(w_1, rel_1, w_2)}{P(*, rel_1, w_2)}$，符号$*$的含义和概率$P(w_1, rel_1, w_2)$，$P(*, rel_1, w_2)$的计算参见6.3.1节，参数$\lambda_1$，$\lambda_2$通过语料训练得到。

2. 语义角色标注及研究现状概述

语义分析是自然语言处理的一个关键问题。作为目前的热点研究课题之一，语义角色标注是浅层语义分析的一种，其实质是在句子级别进行浅层的语义分析，即对于给定句子，对句中的每个谓词标注出句中相应的语义成分，并确定其相应的语义标记，包括核心语义角色(如施事者、受事者等)和附属语义角色(如地点、时间、方式、原因等)。根据谓词类别的不同，可以将现有的语义角色标注分为动词性谓词语义角色标注和名词性谓词语义角色标注。语义角色标注已广泛应用于信息抽取、自动问答、机器翻译、信息检索、自动文摘等领域，具有广泛的应用前景。目前大多数语义角色标注系统采用统计学习的方法，基于统计的机器学习方法可以分为两类：基于特征向量的方法和基于树核函数的方法。目前大多数语义角色标注研究都基于特征向量的方法，探索了各类语义特征、词法特征及句法特征在语义角色标注中的应用，并把它们有效地集成起来，取得了一定的成功。

FrameNet，PropBank 等语料库的发布极大地推动了基于动词性谓词的英文语义角色标注的研究，语义角色标注任务越来越受到国际自然语言处理领域的关注，国际上先后举行了多次语义角色标注任务的评测。与 FrameNet 相比，PropBank 基于 Penn Treebank 手工标注的句法分析结果进行标注，因此标注的结果几乎不受句法分析错误的影响，准确率较高。它几乎对 Penn Treebank 中的每个动词及其语义角色进行了标注，因此覆盖范围更广，可学习性更强。NomBank 语料库采用与 PropBank 一致的标注框架，进一步标注了 Penn Treebank 中的名词性谓词及其语义角色。由于中文 PropBank 和中文 NomBank 发布较晚，中文语义角色标注研究相对较少。Xue 等利用中文 PropBank 和中文 NomBank 展开了中文动词性和名词性谓词的语义角色标注，在使用正确和自动句法树情况下，性能 F1 值分别取得了 91.3% 和 61.3%。

根据对句子的不同标注情况，语义角色标注系统可分为基于短语结构句法分析的语义角色标注、基于依存句法分析的语义角

色标注和基于组块的语义角色标注，从整体效果上看，以句法成分为标注单元的语义角色标注要优于以词和短语为标注单元的方法。现在绝大多数的语义角色标注系统采用基于短语结构的句法分析，按照对句法分析的不同依赖程度可分成三类：基于最佳单棵句法树的语义角色标注方法、基于最佳 N 棵句法树的语义角色标注方法和基于联合学习的句法分析和语义角色标注方法。其中基于最佳单棵句法树的语义角色标注方法是研究最多的，占主导地位。在国内中文语义角色标注研究方面，刘挺等描述了一个采用最大熵分类器的语义角色标注系统，该系统把句法成分作为语义角色标注的基本单元，用最大熵分类器对句子中谓词的语义角色同时进行识别和分类，在开发集和测试集上分别获得了75.49%和75.60%的F1值。王鑫等针对现阶段中文完全句法分析器性能比较低的问题，提出了基于浅层句法分析的中文语义角色标注方法。李世奇等以句法成分作为语义角色标注基本单元，提出了一种基于特征组合和支持向量机的语义角色标注方法。吴方磊等研究如何获取有效的结构化信息特征，在最小句法树结构的基础上，通过复合核将基于树核和基于特征的方法结合进行中文语义角色分类，显著提高了语义角色标注精确率。王智强等利用树条件随机场模型，通过在词和词性层面特征的基础上依次加入不同类型的依存关系特征，研究依存关系特征对汉语框架语义角色标注的影响。李军辉等 研究了句法分析和语义角色标注的联合学习机制，从两个方面探索了句法分析和语义角色标注的联合学习：①将语义角色标注嵌入到句法分析过程中，实现两者的同步执行；②将由语义角色标注得到的语义信息集成到层次句法分析模型中，更好地指导句法分析。李军辉等还研究了中文名词性谓词的语义角色标注，探索了中文动词性谓词语义角色标注对中文名词性谓词语义角色标注的影响。

7.2.3 语用关系与汉语的词序

传统语法分析研究的语料是孤立的句子，研究的对象是静态的、脱离语境的成品。因此，在以往的句法和语义研究中，很多问题都不能得到圆满的解释。语用学结合语境研究动态的语言，在很多方面有其独特的解释力。语用学主要研究特定情境中的特定话语，即人们在不同的交际环境，为不同的目的而交际时所使用的语言，语境在言语交际中对于帮助人们正确地理解和运用语言具有重要作用，所以语境是语用学中的一个重要概念，是语用学研究的平台，语用学的论题都是在语境这个平台上进行的。

1. 语用学的论题

语用学的基本论题包括话题、预设、断言、焦点等。

语用预设(pragmatic presupposition)：是在对话中出现的一组命题，说话人假定听话人或知道或相信或在谈话时准备认同这些命题。

语用断言(pragmatic assertion)：是一个命题，当说话人发话时，他(她)期望听话人或知道或相信或意识到该命题是听话人听到这段话后的一个结果。

焦点或断言的焦点(focus or focus of assertion)：是一个命题的一部分，因为这个部分的存在，使得断言跟预设不同。

语用预设是个命题性的概念，必须跟话题(topic)区别开。后者是语用预设中的一个 NP(表达出来的或没有表达出来的)，其功能是指出断言所谈论的对象。因为断言包括预设(以及话题)和焦点两部分，所以，我们可以进一步地说，断言是一个具有语用结构的命题，一个在语境中存在的命题。尽管如此，并不是每一次说话都要有话题，也不是每一个句子都要有清晰的断言(比如惯用的礼貌问候语这样的情形就不包含断言成分)。

2. 句法成分移位

句子既是语言单位，也是言语单位。作为语言单位的句子是抽象句，是在大量实际使用中的句子抽取其共性舍去其个性而得到的一种理性的句子，也就是语言体系中静态的一般性的句子；作为言语单位的句子是具体句，抽象句是具体句的抽象概括形式，具体句是抽象句的存在形式。抽象句反映了句子普遍的一般的模式。一般说来，在抽象句中，各种句法成分都有一定的位置，比如汉语的主谓结构中，主语在前，谓语在后；述宾结构中，述语在前，宾语在后；偏正结构中，定语、状语在前，中心语在后；述补结构中，述语在前，补语在后等等。一般情况下，具体句中句法成分的排列顺序与抽象句是一致的，但在具体语境中，某些句子句法成分的位置常有变化。比如主语可以出现在谓语后面，状语、定语也可以出现在其中心语的后面，这就是移位，它是指句法成分在语言运用过程中由于表达的需要而移动其静态位置的现象。移位现象大都在口语交际中出现，是出于语用表达的需要。如果移位前的句子称为正位句，那么移位后的句子就叫移位句。移位句都有其相应的正位句，移位句与正位句相比，句法结构和语义结构是相同的，不同的只是语用价值，这是确定句法成分移位的标准。

语用关系是决定汉语词序的重要因素，同一层次结构(短语)，特别在句子成分这一层次，排列顺序具有较大的灵活性。由于句子成分较多，如果利用统计模型来解决句子成分等结构(短语)的排列顺序这一问题，那么参数规模过大导致的数据稀疏问题将会非常严重，因此在我们的结构化句法分析模型中，将利用语用等语言学知识，采用规则的方法解决这一问题。

7.3 结构化句法分析模型

7.3.1 模型的特点和基础

1. 利用其他句法分析方法作为初始句法分析器

先用其他的句法分析方法(如上下文无关语法)进行句法分析，得到所有可能的句法树，在句法分析树的基础上，利用语法、语义、语用等语言学知识逐层对句子、结构(短语)、词进行句子成分、语法关系、语法功能、词性和排列顺序分析，使用规则和统计相结合的方法对句法分析树进行选择。

2. 该模型建立在词聚类的基础上

在统计语言模型中，词的聚类是解决数据稀疏问题的主要方法之一，但本句法分析模型中要讨论的聚类与通常统计语言模型中的聚类有两点不同：

(1)词聚类既有依据语法特性的，又有依据语义特性的。

词性的划分实际上就是依据语法特性对词进行分类，但词的数目巨大，一方面通常的词性的划分并不能完全反映词的不同语法特性，所以有必要利用聚类的方法，依据不同的语法特性对词进行进一步的分类；另一方面具有相同语法特性的词的语义特性不一定相同，也有必要依据语义特性进行聚类。

(2)基于规则和统计相结合的方法进行词聚类

聚类方法很多，既可由语言学家通过对自然语言的分析和研究，利用规则的方法由人工的方式得出。也可利用统计方法对词进行自动聚类。在本句法分析模型中，可利用基于词的相似度

（在6.3.1节定义，该词相似度定义建立在有语义、语法依存关系的词之间的互信息基础上）和2.4节的聚类算法对词聚类。

3. 该句法分析模型是一种模型框架，拥有规则与统计方法相结合、多种统计模型相结合的特点

该句法分析模型运用层次分析法的思想，根据语法、语义和语用的不同特点，采用不同的方法和不同的统计模型来解决层次分析法不同阶段的问题。句法分析应考虑多种语言特性，例如语法、语义和语用学，这是许多基本自然语言处理技术（例如分词和词性标注）的综合应用；同时，它也是诸如语音识别和机器翻译之类的自然语言处理应用技术的基础。因此，句法分析是自然语言处理技术的核心，难度很大。该模型提出了有关语法分析的新思路和新方法，这只是一个模型框架，仍然有许多问题需要解决，将来还有许多工作要做。

7.3.2　模型的分析步骤

1. 利用初始句法分析器对句子进行分析，得到可能的句法分析树

例如利用上下文无关语法初始句法分析器对句子：

Astronomers saw stars with telescopes.

进行分析可得到图7-1的两棵句法树。

2. 对句子进行句法成分分析

（1）确定句子成分层次的结构（短语）。

在分析树的基础上，确定句子的谓语（中心语）和与谓语（中心语）有直接语法关系的其他结构（短语），这些结构（短语）与谓语（中心语）在句子中居于同一层次。句子中，绝大多数句子的谓语（中心语）是由动词（短语）担当的。

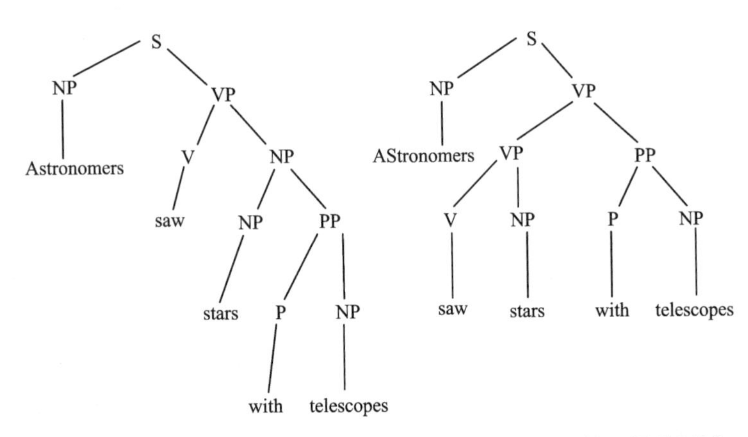

图 7-1　句子"Astronomers saw stars with telescopes"的两棵分析树

例如图 7-1 两棵分析树的谓语(中心语)都是 V(saw)，产生式 V→ saw 的概率是式(7-2)：

$$P(saw|V) \tag{7-2}$$

两棵分析树与谓语(中心语)V(saw)居于同一层次的结构(短语)依次排列分别为：

NP V(saw)NP　　NP V(saw)NP PP

(2)对句子成分层次的结构(短语)进行语法功能分析。

1)利用语法、语用知识建立规则，对结构(短语)进行成分标注。

不同的结构(短语)在句子中可担当不同的句子成分，同时句子成分在组成和排列顺序都受语法的限制，但另一方面，句子成分的排列顺序有较大的灵活性，语用对句子成分的排列顺序也有很大的影响。如果用统计的方法对句子成分排列顺序的概率进行计算，则由于句子成分数目较多(句子成分主要有主语、谓语、宾语和状语，状语又分为时间、地点、条件、目的、原因、结果、程

度、方式等状语)，参数规模过大导致的数据稀疏问题将会非常严重。因此对结构(短语)进行成分标注应该利用语法、语用知识，使用规则的方法。在进行成分标注的同时，可排除一些错误的分析树。

例如对上述两棵分析树的成分标注为：

NP－s V－p(saw)NP－o　NP－s V－p(saw)NP－o PP－wadv

其中后缀－s、－p、－o、－wadv 分别表示结构(短语)的句法成分标注为主语、谓语、宾语、方式状语。

2)利用句法成分与句子中心成分谓语(动词短语)的语法功能关系，将句法成分构成概率空间分成以谓语为条件的相互独立的概率子空间：

$$P_{p-s}[\mathrm{NP} \mid \mathrm{V}(\mathrm{saw})] \tag{7-3a}$$

$$P_{p-o}[\mathrm{NP} \mid \mathrm{V}(\mathrm{saw})] \tag{7-3b}$$

$$P_{p-\mathrm{wadv}}[\mathrm{PP} \mid \mathrm{V}(\mathrm{saw})] \tag{7-3c}$$

其中条件概率式(7－3a)、式(7－3b)、式(7－3c)分别表示句子中心成分(谓语)为动词(V)saw 时，主语、宾语、方式状语为短语 NP、NP、PP 的概率。对句子的基本组成成分(句子的必选格，施事、受事和对象等)和附加成分(句子的可选格，时间、处所、工具、条件、原因、目的和方式等)，条件概率参数的训练有所不同：基本组成成分应考虑短语为空的产生式的条件概率；而附加成分不考虑短语为空的产生式的条件概率。两棵分析树的成分标注构成概率的计算分别由式(7－4)、式(7－5)给出：

$$P_{p-s}[\mathrm{NP} \mid \mathrm{V}(\mathrm{saw})) \cdot P_{p-o}(\mathrm{NP} \mid \mathrm{V}(\mathrm{saw})] \tag{7-4}$$

$$P_{p-s}[\mathrm{NP} \mid \mathrm{V}(\mathrm{saw})) \cdot P_{p-o}(\mathrm{NP} \mid \mathrm{V}(\mathrm{saw})] \cdot P_{p-\mathrm{wadv}}[\mathrm{PP} \mid \mathrm{V}(\mathrm{saw})] \tag{7-5}$$

为了减少数据稀疏产生的问题，上述条件概率的计算式中动词 saw 可用 saw 的语法类来代替。

(3)确定句子成分的中心词(头词)。

谓语的中心词在步骤 1 已经确定，第一棵分析树的其他句子成分为 NP－s、NP－o、主语（NP－s）结构的中心词显然为 Astronomers，宾语 NP－o（stars with telescopes）由 NP（stars）、PP（with telescopes）组成，其中 NP（stars）为 NP－o 的中心子结构（短语），它的中心词显然为 stars，故宾语 NP－o 的中心词为 stars。这些中心词（头词）句子成分的出现主要与两个因素有关：结构（短语）对中心词的词性要求，如宾语 NP－o 的中心词 stars 的词性必为名词（N）；句子成分的中心词与句子中心成分和其他句子成分的中心词有语义依存关系，如宾语 NP－o 的中心词 stars 与谓语 V－p 中心词 saw 有语义依存关系。设词 stars 与词 saw 有语义依存关系 rel_{o-v}，用三元组（stars，rel_{o-v}，saw）表示词对和它们之间的依存关系。则词 stars 的出现概率由下式计算：

$$P[\text{stars} \mid \text{N}, (*, rel_{o-v}, \text{saw})] \tag{7-6}$$

式中：（*，rel_{o-v}，saw）中的 * 表示可能与词 saw 有语义依存关系 rel_{o-v} 的词，条件概率式（7-6）表示在词性为名词且与词 saw 有语义依存关系 rel_{o-v} 的条件下，词 stars 的出现概率。

由贝叶斯公式和独立（以及条件独立）有

$$\begin{aligned}
P[\text{stars} \mid N, (*, rel_{o-v}, \text{saw})] &= \frac{P[\text{stars}, N, (\text{stars}, rel_{0-v}, \text{saw})]}{P[N, (*, rel_{o-v}, \text{saw})]} \\
&= \frac{P[N, (*, rel_{o-v}, \text{saw}) \mid \text{stars}] \cdot P(\text{stars})}{P(N) \cdot P(*, rel_{o-v}, \text{saw})} \\
&= \frac{P(N \mid \text{stars}) \cdot P[(*, rel_{o-v}, \text{saw}) \mid \text{stars}] \cdot P(\text{stars})}{P(N) \cdot P(*, rel_{o-v}, \text{saw})} \\
&= \frac{P(N \mid \text{stars}) \cdot P(\text{stars}, rel_{o-v}, \text{saw})}{P(N) \cdot P(*, rel_{o-v}, \text{saw})}
\end{aligned} \tag{7-7}$$

再由贝叶斯公式有

$$P(N \mid \text{stars}) = \frac{P(\text{stars} \mid N) \cdot P(N)}{P(\text{stars})} \tag{7-8}$$

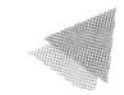

将式(7-8)代入式(7-7)有

$$P(\text{stars}|N,(*,rel_{o-v},\text{saw}))=\frac{P(\text{stars}|N)}{P(\text{stars})}\cdot\frac{P(\text{stars},rel_{0-v},\text{saw})}{P(*,rel_{o-v},\text{saw})}\tag{7-9}$$

式(7-9)的概率意义十分明确，$P(\text{stars}|N)$表示在词性为名词的条件下，词 stars 的出现概率，而

$$\frac{P(\text{stars},rel_{0-v},\text{saw})}{P(*,rel_{o-v},\text{saw})}=P[\text{stars}|(*,rel_{o-v},\text{saw})]\tag{7-10}$$

表示在与谓语 V－p 中心词 saw 有语义依存关系 rel_{o-v} 的条件下，词 stars 的出现概率。

为了减少数据稀疏产生的问题，式(7－10)左边的条件概率的计算式中，动词 saw，名词 stars 可用它们的语义类来代替。即设 saw、stars 的语义类分别为 C_{saw}，C_{stars}，则有：

$$\cdot P[\text{stars}|(*,rel_{o-v},\text{saw})]=P(\text{stars}|C_{stars})\cdot P(C_{stars}|(*,rel_{o-v},C_{saw}))\tag{7-11}$$

3. 短语分析

(1)对短语进行层次分析，确定在同一层次的结构(短语)。

虽然短语的组成可以有很多层次，但在同一层次组成比较简单，一般由两个短语依照一定的语法关系组合成一个短语，且这两个短语的排列顺序比较固定，因而可以采取相对比较简单的分析方法。(对于一部分具有句法特性的短语或在某一层次具有句法特性的分析，可以采用与上述句子成分层次相类似的分析方法。)

两棵分析树在句法下一层次的组成分别为：

NP－o(stars)→NP(stars)PP PP－wadv(with)→P(with)NP

由于组成比较简单，因此可以直接用下面的条件概率来计算层次组成出现的概率：

$$P[\mathrm{PP} \mid \mathrm{NP}(\mathrm{stars})] \tag{7-12}$$

$$P[\mathrm{NP} \mid \mathrm{P}(\mathrm{with})] \tag{7-13}$$

式(7-12)和式(7-13)似乎与概率上下文无关语法产生式的概率计算相同，但还是有两点很大的不同：①即在上下文无关规则的概率计算中引入每个短语的核心词信息；②两个短语在句子中组合成一个短语，而不是仅仅在句子中具有前后邻接关系。

(2)确定短语各个组成部分的中心词(头词)。

实际上，组成短语的中心子短语的中心词(头词)在上一层次的分析中已经确定，因而只需确定其他组成部分的中心词(头词)：

$$\mathrm{NP-o(stars)} \rightarrow \mathrm{NP(stars)\,PP(with)}$$

$$\mathrm{PP-wadv(with)} \rightarrow \mathrm{P(with)\,NP(telescopes)}$$

这些中心词(头词)出现概率的计算方法与句子成分的中心词(头词)的计算方法基本相同，也是计算在词性一定且与中心子短语的中心词(头词)等其他词有一定的语义依存关系的条件下，词的出现概率。但语义依存关系可能不止一种，在第二棵分析树中：telescopes 一词不仅与其直接核心词 with 在语义搭配上有关，还与整个句子的谓语核心词 saw 相关，当然，依赖的强度可能不同。

设 telescopes 与词 with，saw 分别具有语义依存关系 rel_1、rel_2，则经过与式(7-6)类似的计算可得：

$$P[\mathrm{telescopes} \mid \mathrm{N}, (*, rel_1, \mathrm{with}), (*, rel_2, \mathrm{saw})]$$
$$= \frac{P(\mathrm{telescopes} \mid N)}{P(N)} \cdot P[\mathrm{telescopes} \mid (*, rel_1, \mathrm{with}), (*, rel_2, \mathrm{saw})] \tag{7-14}$$

式中：$P[\mathrm{telescopes} \mid (*, rel_1, \mathrm{with}), (*, rel_2, \mathrm{saw})]$ 表示在与词 with，saw 分别具有语义依存关系 rel_1、rel_2 的条件下，词 telescopes 的出现概率。

为减少因参数较多而导致的数据稀疏问题，式(7-14)右边的第二个条件概率可使用式(7-15)插值方法计算：

$$P[\text{telescopes}|(*, rel_1, \text{with}), (*, rel_2, \text{saw})]$$
$$= \lambda_1 P[\text{telescopes}|(*, rel_1, \text{with})] +$$
$$\lambda_2 P[\text{telescopes}|(*, rel_2, \text{saw})], 0<\lambda_1<1, 0<\lambda_2<1, \lambda_1+\lambda_2=1 \quad (7-15)$$

其中

$$P(\text{telescopes}|(*, rel_1, \text{with}) = \frac{P(\text{telescopes}, rel_1, \text{with})}{P(*, rel_1, \text{with})}$$

$$P(\text{telescopes}|(*, rel_2, \text{saw}) = \frac{P(\text{telescopes}, rel_2, \text{saw})}{P(*, rel_2, \text{saw})}$$

参数 λ_1, λ_2 通过语料训练得到。

(3)短语内部的词的分析。

对于直接由词组成的短语，其语法(词性)和语义依存关系的分析可参照上述的分析方法(实际上，上面对 with telescopes 的分析就是这种情况)，但是语序对句法分析的结果具有一定的影响，在句法成分分析时，因句法成分的数目可能较多，排列顺序既跟语法有关，也跟语用有关，我们采用规则的方法解决语序问题；对于短语内部的词的排列顺序，将引入词性标注 *N* 元模型来解决。(对于由两个词组成的短语，其排列顺序由依存关系决定，无须再加考虑；而对于由三个以上的词直接组成的短语，也就是说这几个词居于同一层次，则依存关系并不能完全决定其排列顺序。)

例如对短语 a(ART) good(ADJ) student(N)的分析，在上述的语法(词性)和语义依存关系的分析以外，通过如下的条件概率来计算排列顺序的可能性：

$$P(\text{ART}, \text{ADJ}|\text{N}) \quad (7-16)$$

与通常的词性标注 *N* 元模型不同是：式(7-16)的计算只在

直接由词组成的短语内部进行，而不是在所有相邻词之间都进行计算。

7.4 基于配价结构和语义依存关系的句法分析统计模型

句法结构是句法形式和语义内容的统一体。不仅要对句法结构进行形式化分析，如句法层次分析、句法关系分析、句型分析等，还要进行各种语义分析。对句法结构的语义分析越全面深刻，就越有可能对句法形式中的各种现象作出科学合理的解释。目前的词汇化句法分析如中心词驱动句法分析模型、依存语法仅仅考虑词语之间的语义依存关系，而没有引入更多的反映词语语义特点的信息，如语义类、语义搭配等语义信息，而这些语义信息对句法分析和语义计算是至关重要的。举例来说，在句子"Astronomers saw stars with telescopes"中词"telescopes"在语义搭配上既跟其直接的核心词"with"有关，也与整个句子的核心词"saw"有关，如果采用依存分析法，由于依存语法公理的制约，"telescopes"和"saw"之间无法建立依存关系，而这种关系对句法分析是至关重要的。

现有主流的句法分析理论并没有有效刻画出汉语的本质特性，导致目前汉语句法分析和语义计算的效果与英语相比相差较大。在汉语中，配价结构可以较好地刻画汉语句子的句法结构和语义构成关系，因此，我们有必要更系统广泛地考察和研究形式化语法理论，尤其是配价语法，并在此基础上建立句法分析模型。现有配价语法的研究多集中于研究词语的配价特点，而没有考虑整个句子的配价结构。我们希望定义一种句子的配价结构，这种配价结构应该能反映出句子中所有词语之间的配价关系。

7.4.1 配价语法和配价结构

配价语法与依存语法一样，同样被认为是来源于法国语言学家特斯尼耶尔的语言学思想。按照陆俭明先生在《现代汉语配价语法研究》(郑定欧主编)序言中的说法，“价”(valency/valenz，亦称“配价”/“向”)这一术语借自化学，化学中“价”的概念用于说明在分子结构中各元素原子数目之间的比例关系，而特斯尼耶尔在语法学中引进“价”的概念，是为了说明一个动词能支配多少个名词词组。比如说，“吃”是一个二价动词，需要支配两个名词词组，分别说明“谁吃”和“吃什么”。而“给”是一个三价动词，需要支配三个名词词组，分别说明“谁给”“给谁”“给什么”。不难看出，配价语法和句子级的语义计算(特别是语义角色标注)有着紧密的联系。现在，配价的研究已经不仅仅局限于动词，形容词和名词的配价也有很多人在研究。比如说，形容词“年轻”和名词“姐姐”都是一价，分别需要支配一个名词词组，用于说明“谁年轻”和“谁的姐姐”。

1. 动词的配价结构

配价语法强调动词是句子的中心，所以是动词中心论。动词的配价与句子的生成有极其密切的关系，要生成或理解一个句子，关键在动词。由动词为核心组成的动核结构(或称谓核结构)是生成句子的基底，任何句子都是运用语法手段让动核结构与一定的句法结构结合成句模并给以某种语用价值生成的。

动词根据它联系的动元(动词所联系的强制性语义成分)的数量来分类，即动词的“价”分类，可分为一价动词、二价动词和三价动词三类。袁毓林提出了配价层级的思想，从而把单一的价的概念分化为联、项、位、元四个平面构成的配价层级。“联”是指一个动词在各种句子中所能关联的不同的语义角色的数量，

“项”是指一个动词在一个句子中所能关联的名词性成分的数量(包括通过介词引导的名词性成分),“位”是指一个动词在一个句子中不借助介词所能关联的名词性成分的数量,“元”是指一个动词在一个简单的基础句中所能关联的名词性成分的数量。通过这种层级关系来充分反映动词在不同层面、不同句法框架中的组合和支配能力。

2. 形容词的配价结构

张国宪等对形容词的配价进行了分类。根据谓语形容词所带补足语的数量，可分为单价、双价和三价；根据谓语形容词对所带补足语的强制性程度，可分为必有价和可有价；根据补足语是否有标记介词，可分为有标记价和无标记价；根据谓语形容词所带补足语的稳定性程度，可以分为静态价和动态价。

3. 名词的配价结构

袁毓林受朱德熙对汉语动词的配价研究的直接影响，着手对汉语名词的配价研究。从配价的角度看，现代汉语名词可分为无价名词(或零价名词和有价名词两大类，这是根据名词有无配价要求分类的。有价名词又分为两类：一类是从谓词派生出来的，另一类不是从谓词派生出来的，它们往往包含一个降级述谓结构。其中根据其支配能力又可以分为一价名词和二价名词两小类。

同样在英语中，大部分有价名词为一价名词，如名词短语“pet food volume”中，词“food”“volume”均为一价名词，词“food ”修饰中心词“volume”，词“pet ”修饰“food”而不是修饰中心词“volume”。文法规则 NPB→NN NNNN 的概率为：

$$P_l[L_i(l_i) \mid H, P, h, L_1(l_1), \cdots, L_{i-1}(l_{i-1})] = P_l[L_i(l_i) \mid P, L_{i-1}(l_{i-1})] \quad (7\text{-}17)$$

$$P_l[R_i(r_i) \mid H, P, h, R_1(r_1), \cdots, R_{i-1}(r_{i-1})] = P_l[R_i(r_i) \mid P, R_{i-1}(r_{i-1})] \tag{7-18}$$

部分有价名词为二价名词，如名词短语“vanilla ice cream”中，词“cream”为二价名词，词“vanilla”“ice”均修饰中心词“cream”。文法规则 NPB→NN NNNN 的概率为：

$$P_l[L_i(l_i) \mid H,P,h,L_1(l_1),\cdots,L_{i-1}(l_{i-1})] = P_l[L_i(l_i) \mid H, P, h] \tag{7-19}$$

$$P_l[R_i(r_i) \mid H, P, h, R_1(r_1),\cdots,R_{i-1}(r_{i-1})] = P_l[R_i(r_i) \mid H, P, h] \tag{7-20}$$

7.4.2 基于配价结构和短语结构树的语义分析

在配价语法中，领主属宾句指“王冕七岁上死了父亲”这种句子。与一般的句式相比，我们可看到这种句式有以下特点：(1)句中的主语与述语动词没有直接的语义关系，不是述语动词的必有语义成分，表现为主语类型的非典型性；(2)句中宾语多为述语动词的施事，表现为宾语类型的非典型性；(3)主语与宾语的联系不是靠动词而是靠两个成分之间在词汇语义上的“领有—隶属”关系，伴随这个特点的是述语动词(或形容词)为一价(或一向)。

图 7-2、图 7-3 以“陈楠三十岁生了儿子”给出了依存树和设想中的配价结构。其中图 7-3 是我们设想的一种可能的配价结构形式，这种形式可能在我们的研究过程中还会发生变化和改进。可以看到，两个句子具有形式相同的依存树，却具有不同的配价结构，可见与传统的短语结构树和依存树相比，配价结构反映了更多的语义特点。同时，词语的配价信息比较稳定。最后，配价结构从形式上并非一棵树，而是一个有向图。因此，配价结构具有比短语语法和依存语法更强的表现能力，有潜力获得更高的句法语义计算性能。因为在句子“陈楠三十岁生了儿子”中，

“陈楠”是零价的，“儿子”和“三十岁”都是一价的，“三十岁”并且作为时间副词修饰动词“生了”，动词“生了”是二价的。有了这些词语的配价信息，就可以比较准确地获得上述的配价结构。

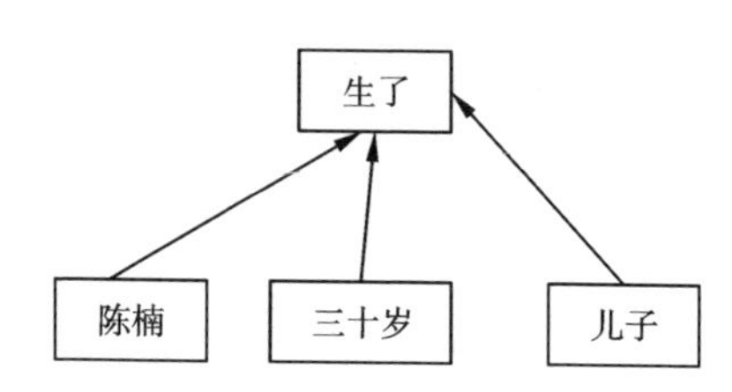

图 7-2　句子“陈楠三十岁生了儿子”依存树

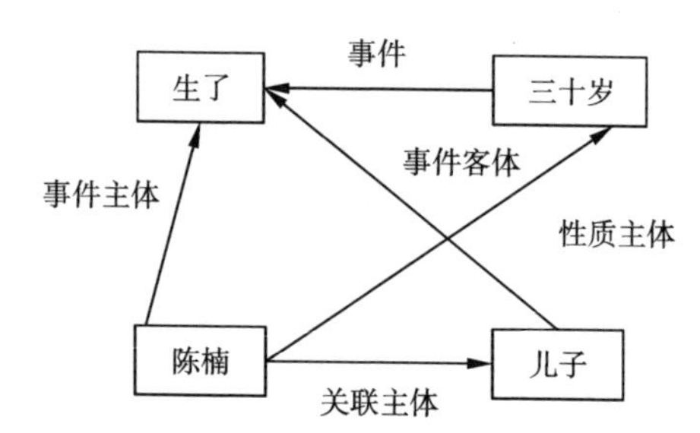

图 7-3　句子“陈楠三十岁生了儿子”的一种可能的配价结构

句法结构是句法形式和语义内容的统一体。我们的基本思想是：在句子短语结构或依存结构的基础上，利用基于配价理论开发的语义词典分析得到句子配价结构，反过来再利用句子配价结构对句中依存关系进行必要的修正。较详细的做法如下：

(1)根据词语的配价信息和句子短语结构，可以得出句子配价结构的如下的一些推导规则(关于句式与词语配价关系的讨论可参考袁毓林的著作《汉语配价语法研究》)：

①句子短语结构是词语配价的一个实现，词语的配价数必须在句子结构中得到满足；

②处于句子同一层级的词语，中心词可以支配其他词，同时除中心词外的词必须受某个词支配；

③处于句子同一层级的名词，后面的名词可以支配前面的名词。

(2)在 Collins 的中心词驱动句法分析模型中计算文法规则的概率时，假定修饰成分间相互独立。而在我们的模型中，根据配价结构中提取的词语配价关系语义信息，有配价关系的修饰成分间不能相互独立。

在句法分析模型中引入丰富的语义信息，既包括由句法树或依存树确定的语义依存信息，也包括由句子分析树对应配价结构图确定的语义搭配信息。

下面以“Astronomers saw stars with telescopes”为例，给出了短语结构树和设想中的配价结构。其中图 7-4、图 7-5 是两棵不同的句法树图，图 7-6、图 7-7 为对应的在短语结构树基础上分析得到的可能配价结构形式，这种形式可能在我们的研究过程中还会发生变化和改进。

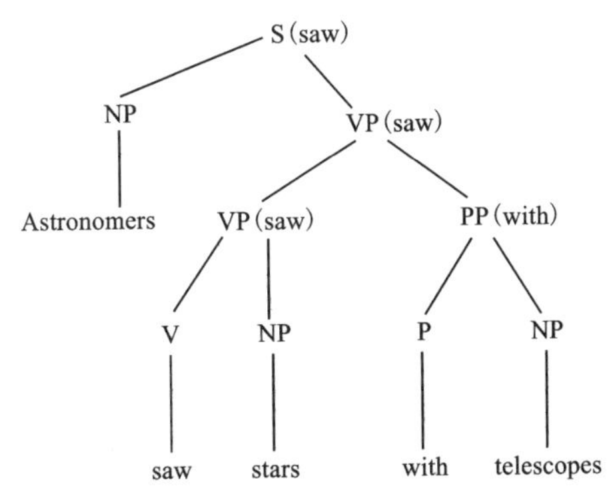

图 7-4 句子“Astronomers saw stars with telescopes”分析树 1

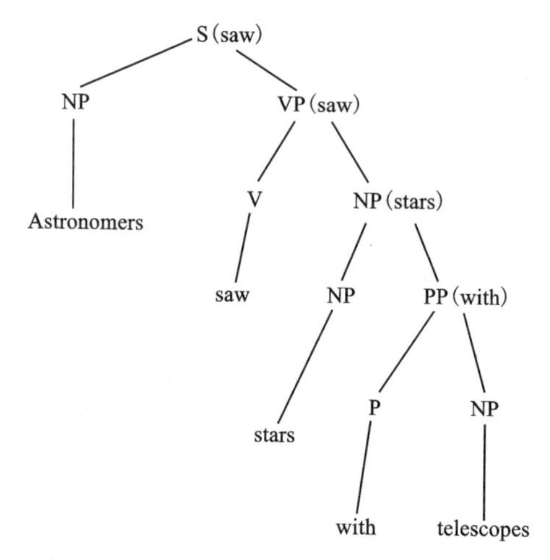

图 7-5　句子“Astronomers saw stars with telescopes”分析树 2

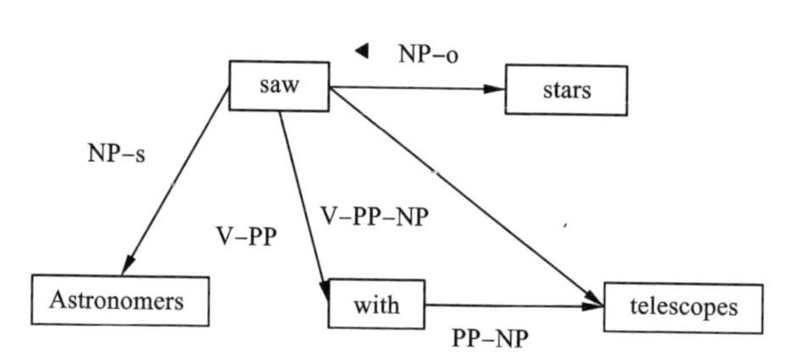

图 7-6　句子分析树 1 对应的可能配价结构

由配价结构图 7-6、图 7-7，结合句法树图 7-4、图 7-5，我们可以得到更多的语义知识：在句子分析树图 7-4 中词 telescopes 与词 with 有语义依存关系，同时与词 saw 有语义搭配关系；而在句子分析树图 7-5 中词 telescopes 与词 with 有语义依存关系，同时与词 stars 有语义搭配关系。

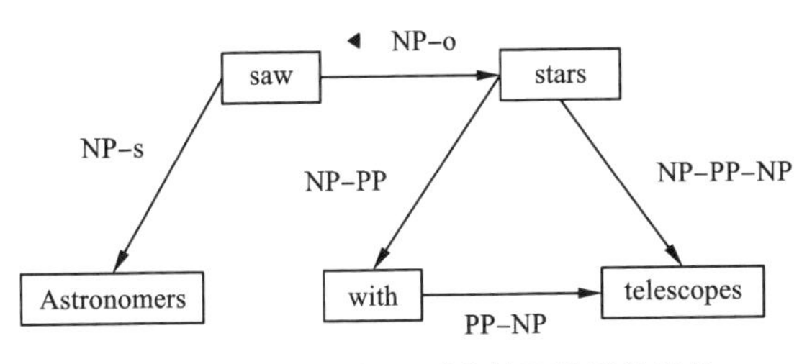

图 7-7 句子分析树 2 对应的可能配价结构

7.4.3 基于配价结构和语义依存关系的句法分析统计模型

1. 中心词驱动句法分析模型的基本原理

中心词驱动句法分析模型是最具有代表性的词汇化模型。为了发挥词汇信息的作用，中心词驱动模型为文法规则中的每一个非终结符(none terminal)都引入核心词/词性信息。由于引入词汇信息，不可避免将出现严重的稀疏问题。为了缓解这个问题，中心词驱动模型把每一条文法规则的右手侧分解为三大部分，分别为：一个中心成分；若干个在中心左边的修饰成分；若干个在中心右边的修饰成分。形式化地，可以写成如下形式：

$$P(ht, hw) - L_m(lt_m, lw_m)\cdots L_1(lt_1, lw_1)H(ht, hw)R_1(rt_1, rw_1)\cdots R_n(rt_n, rw_n) \quad (7-21)$$

其中，P 为非终结符，H 表示中心成分，L_1 表示左边修饰成分，R_1 表示右边修饰成分。Hw，lw，rw 均是成分的核心词，ht，lt，rt 分别是它们的词性。进一步假设，首先由 P 产生核心成分 H，然后以 H 为中心分别独立地产生左右两边的所有修饰成分。这样，形如式(7-21)的文法规则的概率为：

$P_h[H|P(ht, hw)] \cdot \coprod_{i=1}^{m+1} P_i[L_i(lt_i, lw_i)|H, P, h, \Delta_l(i-1)] \cdot \coprod_{i=1}^{n+1} P_i[R_i(rt_i, rw_i)|H, P, h, \Delta_r(i-1)]$ (7-22)

式中，式(7-22)中的 L_{m+1} 和 R_{n+1} 分别为左右两边的停止符号，$\Delta_l(i-1)$ 为距离函数，补偿结构信息的缺失。距离信息考虑了以下三种情况：(1)在成分之前是否有成分；(2)成分前是否有动词；(3)成分前是否有标点符号。

2. 基于配价结构和语义依存关系并结合中心词驱动模型的句法分析模型

设 $P(h)$ 表示句法树上当前核心词 h 所依赖的上层核心词，其他符号的表示同上文一致。在我们的句法分析模型中，每一条文法规则写成如下形式：

$$P[ht, hw|P(h)] - L_m(lt_m, lw_m) \cdots L_1(lt_1, lw_1) \cdot H[ht, hw|P(h)] R_1(rt_1, rw_1) \cdots R_n(rt_n, rw_n) \quad (7-23)$$

形如式(7-23)的文法规则的概率为：

$P_h[H|(ht, hw), P(h)] \cdot \coprod_{i=1}^{m+1} P_i[L_i(lt_i, lw_i)|L_{i-1}(lt_{i-1}, lw_{i-1}), \cdots, L_1(lt_1, lw_1), (ht, hw), P(h)] \cdot \coprod_{i=1}^{n+1} P_i[R_i(rt_i, rw_i)|R_{i-1}(rt_{i-1}, rw_{i-1}), \cdots, R_1(rt_1. rw_1), (ht, hw), P(h)]$ (7-24)

式中：L_{m+1} 和 R_{n+1} 分别为左右两边的停止符号。式(7-24)中的概率

$P_i[R_i(rt_i, rw_i)|R_{i-1}(rt_{i-1}, rw_{i-1}), \cdots, R_1(rt_1. rw_1), (ht, hw), P(h)]$

可分解为式(7-25)、式(7-26)两个概率

$$P_i(rt_i|rt_{i-1}, rt_{i-2}, \cdots, rt_1, ht, rw_i) \quad (7-25)$$

$$P_i[rw_i|rw_{i-1}, rw_{i-2}, \cdots, rw_1, hw, P(h)] \quad (7-26)$$

的乘积，记 $S(rw_i)$ 表示词 $rw_{i-1}, rw_{i-2}, \cdots, rw_1, P(h)$ 中与当前词 rw_i 有语义搭配关系的词(由句子分析树对应配价结构图确定)，则有：

$$P_i[rw_i|rw_{i-1}, rw_{i-2}, \cdots, rw_1, hw, P(h)]$$

$$= P_i[rw_i | hw, \Delta_r(i-1), S(rw_i)] \quad (7\text{-}27)$$

再假定 hw, $S(rw_i)$关于 rw_i 条件独立有：

$$P_i[rw_i | hw, \Delta_r(i-1), S(rw_i)]$$

$$= \frac{P_i[rw_i | hw, \Delta_r(i-1)] \cdot P_i[rw_i | S(rw_i)]}{P_i(rw_i)}$$

$$P_i[rw_i | hw, \Delta_r(i-1), S(rw_i)]$$

$$= \frac{P_i[rw_i | hw, \Delta_r(i-1)] \cdot P_i[rw_i | S(rw_i)]}{P_i(rw_i)} \quad (7\text{-}28)$$

式(7-28)中概率$\frac{P_i[rw_i | \Phi(rw_i)]}{P_i(rw_i)} = \frac{P_i[rw_i, S(rw_i)]}{P_i(rw_i) \cdot P_i[S(rw_i)]}$即为 rw_i, $S(rw_i)$间的互信息，因而整个式(7-28)概率意义十分明确，符合语言现象。

可以说，目前词汇化的上下文无关文法所做的独立性假设与语言现象不相符合，既不适合于英文，更加不适合于中文。在我们的句法分析模型中，用条件独立性假设取代了中心词驱动句法分析模型中的独立性假设。从统计学的角度来说，相对条件独立性假设，独立性假设是过强假设，与语言现象也不尽符合。因而，我们的句法分析模型更符合语言的实际物理过程。通过对 Collins 模型的规则进行分解和修改，基于配价结构并结合中心词驱动模型的词汇化句法分析模型能够更好地融入语义(既包括由句法树确定的语义依存信息，也包括由句子分析树对应的配价结构图确定的语义搭配信息)等语言方面知识，提高句法分析的准确率。

7.4.4　实验结果

试验数据取自宾州中文树库(CHTB)5.0 版本，大部分取材于新华社新闻，*Sinorama* 新闻杂志以及香港新闻。CTB 是由语言数据联盟(LDC)公开发布的一个语料库，为汉语句法分析研究提供了一个公共的训练、测试平台。该树库包含了 507222 个词，824983 个汉字，18782 个句子，有 890 个数据文件。为了在训练集、开发集和测试集中平衡各种语料来源，我们将语料分割如下：我们将文件 301～320、611～630 作为调试集，将文件 271～300、631～660 作为测试集，其余文件作为训练集。本文的所有实验中，模型的参数都是从训练集中采用极大似然法估计出来的。

测试的结果采取了常用的 4 个评测指标，即准确率 P、召回率 R、综合指标 F 值和交叉括号 CB。其定义如下：

精确率(precision)用来衡量句法分析系统所分析的所有成分中正确的成分的比例。

召回率(recall)用来衡量句法分析系统分析出的所有正确成分在实际成分中的比例。

综合指标：$F=(P\times R\times 2)/(P+R)$。

交叉括号 CB：给出了在一棵树中与其他树的成分边界交叉的成分数目的平均数。

实验中采用的句法分析 Baseline 系统是 Bikel D M 基于 Collins 模型实现的 DBParser。表 7-1 列出了 Baseline 系统和改进模型的句法分析实验结果。

表 7-1　句法分析实验结果

模型	准确率/%	召回率/%	综合指标/%	交叉括号
Baseline	82.76	80.17	81.44	2.05
改进模型	86.13	85.21	85.66	1.83

从表 7-1 可以看出：由于在规则的分解及概率计算中，既利用了由句法树或依存树确定的语义依存信息，也利用了由句子分

析树对应配价结构图确定的语义搭配信息。改进模型的准确率 P、召回率 R、综合指标 F 值、交叉括号比 Collins 的中心词驱动句法分析模型有了明显的提高。试验结果表明语言特征知识的应用对统计句法分析有很大的影响，这从一个侧面指出了汉语统计句法分析研究的一个方向：从语言学角度寻找更多的语法、语义、语用等特征知识。

数据稀疏问题是另一个严重影响句法分析系统性能的重要因素，改进模型采用了基于语义类和可变长模型的平滑技术，成功解决了数据稀疏问题，大大提高了系统性能。表 7-2 是采用平滑技术后的句法分析实验结果。

表 7-2 句法分析实验结果

模型	准确率/%	召回率/%	综合指标/%	交叉括号
Baseline	82.76	80.17	81.44	2.05
采用平滑技术后的改进模型	88.76	87.43	88.09	1.72

7.4.5 结论与讨论

(1)中文配价理论能较好地描述中文句子的句法结构和语义结构，因此，我们系统地考察和研究了配价语法相关理论，并在此基础上建立句法分析模型。基于配价结构和语义依赖关系的句法分析模型不仅利用句法树或依赖树确定的语义依赖信息，同时也给出了相应的价结构图所确定的语义匹配信息，性能得到了显著改进。

(2)现有的配价语法研究大多集中在词的配价特征上，而没有研究整个句子的配价结构。我们希望定义一个句子的配价结构，它应该反映句子中所有单词之间的配价关系。我们所希望标注的配价关系不仅是涉及动词与名词短语直接的关系，也涉及名词与名词短语，形容词与名词短语、甚至副词与动词形容词短语之间的关系，也就是说，配价结构应该是一种完整的句法结构。

7.5 本章小结

本章成功地建立了一个新的句法分析模型，该模型基于规则和统计方法的结合，并将语法、语义和语用等语言知识整合到句法分析中：首先，根据语法和语用知识对句法结构进行层次分析，根据语用知识分析其顺序。最后还要考虑结构（短语或句法成分）中的词之间的语义依存关系。该句法分析算法是一个模型框架，具有规则与统计相融合，多个统计模型相融合的特点。

8 基于深度学习的自然语言处理

目前，人工智能领域中最热的研究方向当属深度学习。深度学习的快速发展已引起学术界和工业界的广泛关注，自然语言处理被称为人工智能之冠中的明珠。因此，如何利用深度学习技术促进自然语言处理中各种任务的发展是当前的研究热点和难点。语言是人类的独特能力，如何使用自然语言与计算机进行通信一直是人们追求的目标。自然语言处理就是实现人机间通过自然语言交流。但是，自然语言是一种高度抽象的符号系统。存在许多问题，例如文本数据离散，一词多义。深度学习方法具有很强的特征提取和学习能力，可以更好地处理高维稀疏数据，它在自然语言处理领域的许多任务中都取得了长足的进步。

随着机器学习方法的飞速发展，特别是深度学习技术的蓬勃发展和广泛应用，研究人员借助先进的机器学习在机器翻译、话语对话系统、社交媒体挖掘、情感分析和其他任务上取得了突破性进展。自然语言处理的发展为人类理解语言生成的机制和开发更多受其启发的社会应用提供了广阔的途径，这拥有重要的意义。

8.1 本体知识表示与知识图谱

由于计算机网络的迅猛发展，产生了大量的数据，当数据量积累到一定程度，就能产生不一样的意义。挖掘数据间的关系使数据形成语义网，能够产生更大的价值，但是大量无结构的数据很难处理。本体语义学提出利用本体来理解语义、表示语义，为自然语言处理提供解决方案。Nirenburg 等是本体语义学的主要倡导者，描述了以本体为核心、作为模拟人的认知代理，将本体研究推向新的高度，为本体在自然语言处理领域的应用打下了坚实的理论基础。

本体在自然语言处理领域有着非常大的优势，由于本体和语义是紧密相关的，可以从文本意义中抽象出概念和属性建立本体，借助本体对网络数据进行语义分析，以形式化的方式表示现实世界中的实体及关系。本体中的概念和实例按照本体规则和领域分类知识组织成层次结构，包含丰富的语义关系和属性，具有准确的含义，并且概念通过属性与其他概念相互联系，构成语义网络。因此本体作为语义理解的基础，为知识表示提供了一种学习框架，通过该框架，它能够对输入文本进行分析，在应用过程中根据确定的任务和要求动态地提取所储存的知识，产生明确的文本意义表征，既能通过概念组合表示复杂语义，又能提供世界知识消除超句层面的歧义，对于知识获取和意义表示的可靠性至关重要。以往的形式语义、框架语和组合语义在做语义表示的时候都存在一些局限，知识之间的关系描述不够全面、不够准确，并且具有歧义性。当知识表示系统发生改变时，知识难以重复利用，而本体表示法则能较好地解决这些难题，它的应用使得词汇上升到语义的层次，概念的精确性与共享性能够消除歧义，能够

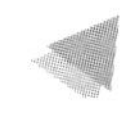

在不同语种之间建立起映射关系。本体实际上用基于常识的方法构建了一个反映客观世界的模型，从而反映了实体在自然语言中的意义。

很多半监督或无监督的机器学习方法都需要利用本体库获取初始知识，作为“经验”，高质量的本体知识库能够为应用提供更优的语义解释效果。本体语义强调对语义的处理不仅仅是对文本的句法语义分析，词汇意义的形式化描述，而是对整个客观世界进行建模。它主张在语义处理中应兼顾知识性因素和潜藏于人类智能中的非知识因素，并通过特定方式将其“内化”到人工智能系统之中。在本体知识库以概念的层次结构来建立语义关联数据，包含概念、属性、关系和实例，以结构化形式表现，子节点可以继承父节点的属性，从上层的抽象概念到下层实例，形成了一个有向无环图。知识的表示方式借鉴了框架表示法，但本体的表示法较之框架表示更丰富更灵活。

在人工智能领域，本体作为一种共享的知识表示的重要方式，越来越多地体现在工程构建中，促进了本体的发展。近年来，为了解决世界范围内的知识共享和信息集成，语义本体催生了知识图谱，实现了对客观世界从字符串描述到结构化语义描述，将客观世界的事物映射为实体和关系的形式化表示，因此本体是知识图谱发展的基础。知识图谱可以基于现实世界描述不同层次和粒度的抽象概念，并与实例、事实建立联系，成为网络知识构成的基础。知识图谱的发展是下一代互联网语义 Web 的良好开端，它能够将现实世界中的实体与关系都表示出来。百科网站目前也都在构建知识图谱，根据当前实体链接到相关的实体。基于知识图谱所构建的知识库 Dbpedia、FreeBase 在很多自然语言处理任务中都起到了重要作用。语义 Web 和知识图谱研究的不断发展，其背后都隐含着人工智能领域的本体理论和本体技术。基于本体的应用得到越来越多研究者的关注，人们尝试利用本体的理论和方法来推动知识表示的研究和解决语义理解的难题。

本体为知识建模提供了一个基本结构，在许多应用中体现了语义表示的优势。本体作为比较理想的知识表示方法，也存在一定的不足，主要体现在它的知识推理和构建。由于本体语义网络中的关系比较复杂，用简单的逻辑规则进行推理并不能得出复杂意义，需要根据本体结构的特点，借助语义关联性进行推理。本体构建是一个工程化、系统化的过程，为保证信息的准确性和全面性，需要在本体构建中提供可扩展、可演化的功能。由于领域和应用目标的不同，目前尚无一种通用的适合各领域的本体开发模式。构建覆盖全面的领域本体和完善已有的本体知识库，对于语义的形式化、结构化表示和知识图谱的发展都有很重要的意义，因此需要研究本体的自动构建和演化方法。

在数据密集型研究的驱动下，越来越复杂和具有创造性的机器学习方法涌现出来，通过对语料标注进行训练，模拟人理解语义的能力，尽管数据驱动的方法只是将语义信息蕴含在语言模型中，但这些研究还是对语义表示起到了推动作用。本体语义学提出了一套严密的形式化理论，它并不局限于某种特定的方法，而是在该理论指导下，无论是基于规则还是基于统计的方法，都能够用以完成处理任务。本体语义理论可以根据自然语言处理应用的需要进行适当修改和扩展，以更好地适应需求。

8.2　深度神经网络模型

分布式特征表示(distributional representation)是深度学习与自然语言处理相结合的切入点，这些分布式特征是通过神经网络语言模型学习得到的。

8.2.1 循环神经网络与长短时记忆模型

循环神经网络(recurrent neural networks, RNN)是隐藏层和自身存在连接的一类神经网络。循环神经网络与前馈神经网络训练的原理基本一致，但是在结构上存在较大差别。循环神经网络结构大致如图8-1所示。

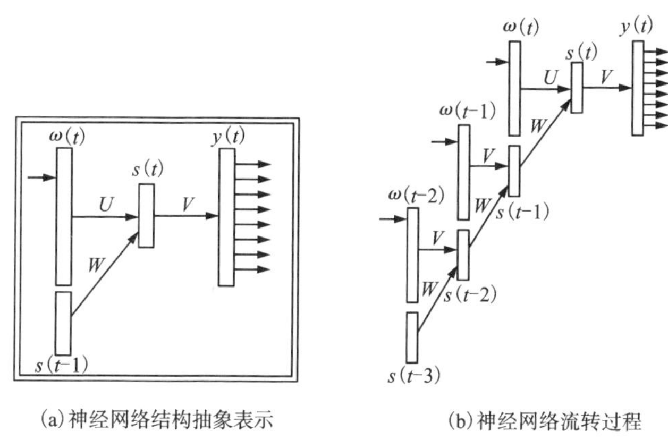

(a)神经网络结构抽象表示　　(b)神经网络流转过程

图8-1　循环神经网络结构图

图8-1(a)是网络的抽象表示结构，网络多用在时序序列上，因此输入层、隐藏层和输出层都带有时序参数 t。图8-1(b)表示循环神经网络的流转过程。每当一个新词输入，循环神经网络联合输入新词的词向量与上一个隐藏层状态，计算下一个隐藏层状态；重复计算得到所有隐藏层状态；各隐藏层最终通过传统的前馈网络得到输出结果。由于循环神经相较于前馈神经网络，循环神经网络可将本次隐藏层的计算结果用于下次隐藏层的计算，因此可以用来处理时间序列问题，比如文本生成、机器翻译和语音识别。循环神经网络的优化算法为BPTT(back propagation through time)。由于梯度消失，循环神经网络的反馈误差往往只能向后传递 5~10 层，因此在循环神经网络的基础上提出长短时记忆(long-short term memory，LSTM)模型。LSTM 使用 cell 结构记忆之前的输入，使得网络可以学习到合适的时机重置 cell 结构。LSTM 是循环神经网络的变体。尽管在理论上 RNN 可以处理任何长距离依赖问题，但实际上，由于梯度消失/爆炸问题而很难实现。LSTM 通过引入门机制和记忆单元为此提供了解决方案，用 LSTM 单元代替 RNN 中的隐藏层。LSTM 单元结构图如图 8-2 所示。

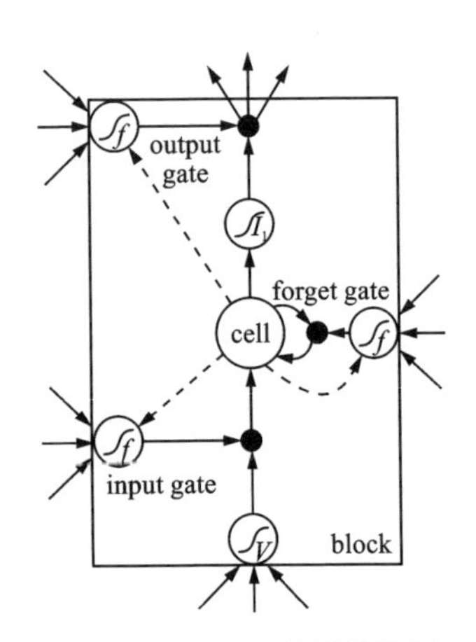

图 8-2　LSTM 单元结构图

LSTM 包含了记忆单元、输入门、忘记门和输出门。其中，记忆单元储存了 LSTM 单元的历史信息，通过输入门仔细地控制当前输入有哪部分可以被存储进来，通过忘记门控制历史信息有多少应该被忘记。最后，输出门被用来决定有多少信息可以被输出进行决策。

传统 RNN 的一个缺点是只能利用序列过去的信息。在序列

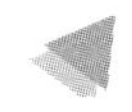

标注问题上，整个句子的信息实际上是一次就可以得到的，所以没有理由不利用未来的信息。因而，双向连接的 LSTM 被提出来了，它可以充分利用过去和未来的信息。典型的双向 LSTM 分别从前向和后向两个方向处理原始输入，然后将这两个输出连接起来。具体来说，第一个 LSTM 层正向地处理输入的句子，这层的输出直接作为下一个层的输入，然后进行反向的处理。这样做的好处是，同样多的参数，可以获得在空间上更深的神经网络。

8.2.2 递归神经网络和卷积神经网络

递归神经网络(recursive neural networks)是利用树形神经网络结构递归构造而成，用于构建句子语义信息的深度神经网络。递归神经网络所用的树形结构一般是二义树，典型的递归神经网络如图 8-3 所示。

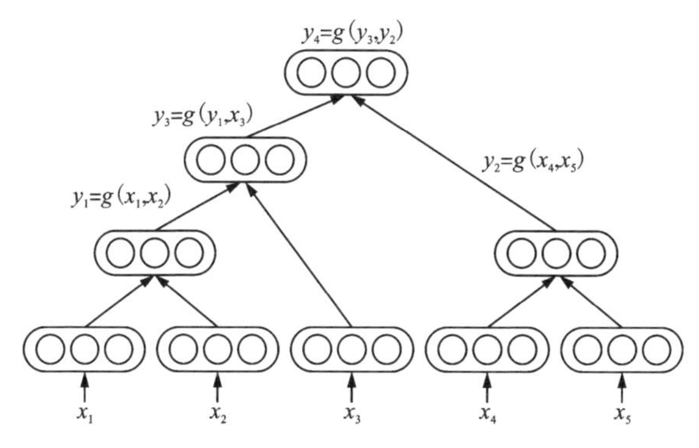

图 8-3 递归神经网络模型结构图

递归神经网络具有树状层结构，网络节点按其连接顺序对输入信息进行递归的人工神经网络。递归神经网络具有可变的拓扑结构且权重共享，多被用于包含结构关系的机器学习任务，在自

然语言处理领域受到研究者的重点关注。

递归神经网络的基本结构包括输入层、隐藏层和输出层。与传统神经网络最大的区别在于递归神经网络每次计算都会将前一词的输出结果送入下一词的隐藏层中一起训练，最后仅仅输出最后一个词的计算结果。

递归神经网络的缺点：

(1)对短期的记忆影响比较大，但对长期的记忆影响很小，无法处理很长的输入序列。

(2)训练递归神经网络需要极大的成本投入。

(3)递归神经网络在反向传播时求底层的参数梯度会涉及梯度连乘，容易出现梯度消失或者梯度爆炸。

卷积神经网络(convolutional neural networks，CNN)是一种前馈神经网络，区别于其他神经网络模型，卷积运算操作赋予了卷积神经网络处理复杂图像和自然语言的特殊能力。卷积神经网络神经元之间采用局部连接和权值共享的连接方式。其中，局部连接是指每个神经元只需对图像或者文本中的部分元素进行感知，最后的神经元对感知到的局部信息进行整合，最后得到图像或文本的综合表示信息。权值共享使得模型在训练时，可以使用较少的参数，以此来降低深度神经网络模型的复杂性，加快模型训练速度，从而使深度神经网络模型可以被应用到实际生产。

卷积神经网络通常由输入层、卷积层、池化层、全连接层和输出层5部分组成，卷积神经网络的网络结构如图8-4所示。

在自然语言处理领域，卷积神经网络的输入通常是将单词或者句子表示成向量矩阵。卷积层是卷积神经网络中的重要组成部分，卷积层中的每一个节点输入是上一神经网络层的一部分，其目的是提取输入图片或者文本的不同特征。卷积层在处理文本序列问题时，通常使用不同大小的滤波器提取文本序列中不同特征。池化层是为了降低网络模型的输入维度，从而降低网络模型

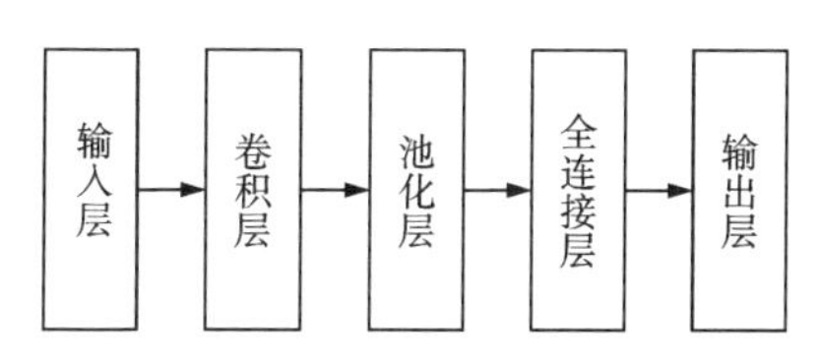

图 8-4 卷积神经网络结构图

复杂度，减少整个模型参数，使神经网络模型具有更高的鲁棒性，同时在一定程度上能有效防止模型过拟合问题。其中最常见的池化方式为最大池化（Max-Pooling）和平均池化（Average-Pooling）。卷积神经网络一般会在卷积层和池化层之后加上全连接层，该层可以把高维度转换成低维度，同时把有用的信息保留下来。通常将卷积层、池化层的组成部分视为自动提取特征的过程，在特征提取完成之后，需要使用输出层来完成分类或者预测任务。一般将学习到的高维度特征表示馈送到输出层，通过 softmax 函数可以计算出当前样本属于不同类别的概率。

8.2.3 面向自然语言处理的预训练模型

机器能够理解人类的语言。近年来，随着人工智能领域飞速发展，特别是在深度学习技术的支持下，自然语言处理的发展取得了巨大的进步，其任务的划分也更加细致，如词性标注、文本分类、情感分析、机器翻译、共指消解等。在这些任务中，预训练技术的发展起到了至关重要的作用。

预训练模型为解决深度神经网络中大规模参数学习问题提供了一种有效的方案，这种方法最早使用在计算机视觉（computer vision，CV）领域，其核心思想是先在大数据集上对深层次的神经网络进行预训练得到模型参数，然后将这些训练好的模型运用到各种具体的下游任务以避免从头开始训练并且减少对标注数据的需要，结果表明，模型的性能得到了显著提高。随着 NLP 领域研究的不断深入，在大型语料库上进行预训练也被证明能够有助于下游任务。

以 Word2Vec 为代表的静态预训练技术将每一个词表示成词向量，并将其语义通过上下文来表征，其理论基础来自 1954 年 Harris 提出的分布假说：上下文相似的词，其语义也相似。这些静态预训练技术的贡献远不只是给每一个词赋予一个分布式的表征，它开启了一种全新的模型训练方式——迁移学习。使用词向量方法学习到的词语表征，初始化下游任务网络结构的第一层，能够为下游任务带来显著的效果提升，以至于这种做法早已成为业内的标配，极大地促进了自然语言处理领域的发展。

静态的预训练技术推动了自然语言处理领域的快速发展，然而这种静态的词向量技术仅对词进行单个全局表示，提取浅层文本表征，却忽略了它们的上下文，因此无法在不同语境下对词的句法和语义特征进行有效表示。对此，预训练语言模型提供了一种动态的预训练技术方案。2018 年，ELMo 提出了一种上下文相关的文本表示方法，能够有效处理一词多义问题。其后，GPT 和 BERT 等预训练语言模型相继被提出，尤其是 BERT 模型横扫自然语言处理领域的诸多典型任务，成为自然语言处理领域的一个重要里程碑。

1. ELMo 模型

静态的词向量方法存在一个重要缺陷，即无法较好地处理一词多义问题；而 ELMo 通过使用针对语言模型训练好的双向 LSTM 来构建文本表示，由此捕捉上下文相关的词义信息，因而可以更好地处理一词多义问题。

为了使用大规模无监督语料，ELMo 使用两层带残差的双向 LSTM 来训练语言模型，如图 8-5 所示。此外，ELMo 针对英文形

态学上的特点，在预训练模型的输入层和输出层使用了字符级的CNN结构。这种结构大幅减小了词表的规模，很好地解决了未登录词的问题；卷积操作也可以捕获一些英文中的形态学信息；同时，训练双向的LSTM，不仅考虑了上文信息，也融合了下文信息。

ELMo模型不仅简单，而且表现出众，在自然语言处理领域的6个典型下游任务的数据集上全面刷新了最优成绩，尤其在阅读理解任务上提高了4.7个点。其主要贡献是提供了一种新的文本表征的思路：在大规模无监督数据上训练预训练语言模型，并将其迁移到下游特定任务中使用。

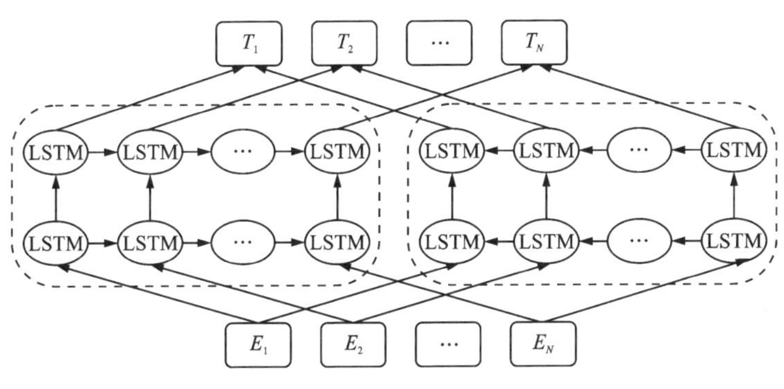

图8-5 ELMo模型的结构

2. GPT模型

ELMo使业界意识到了基于大规模语料集预训练的语言模型的威力；同期，ULMFiT提出的多阶段迁移方法和微调预训练模型的技巧为后来预训练技术的发展提供了重要指导意义；与此同时，Transformer在处理长期依赖性方面比LSTM有更好的表现，它在机器翻译等任务上取得的成果也使一些业内人士开始认为其是 LSTM 的替代品。在此背景下，OpenAI 的 GPT 预训练模型应运而生。

GPT 使用生成式方法来训练语言模型。该工作中的解码器在逐字生成翻译的过程中屏蔽了后续的词语序列，天然适合语言建模，因此 GPT 采用了 Transformer 中的解码器结构，并没有使用一个完整的 Transformer 来构建网络。GPT 模型堆叠了 12 个 Transformer 子层，并用语言建模的目标函数来进行优化和训练。GPT 模型的结构如图 8-6 所示。

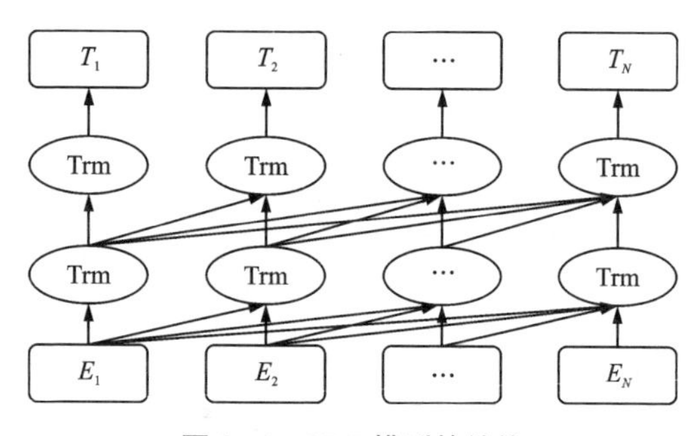

图 8-6　GPT 模型的结构

在迁移学习的模型设计方面，GPT 巧妙地将整个迁移学习的框架做到非常精简和通用。在输入层，若输入只有一个序列，则直接在原序列的首尾添加表示开始和末尾的符号；若输入有两个序列，则通过一个中间分隔符“ $ ”将其连接成一个序列，然后同样在开头和末尾添加标记符号。这套输入的表示方法，基本可以使用同一个输入框架来表征大多数文本问题。除此之外，在输出层，只需要接入一个全连接层或其他简单结构，一般不需要非常复杂的模型设计。

基于这种输入层和输出层的通用化设计，只要中间多层解码

器层的表征能力足够强，迁移学习在下游任务中的威力就会变得非常强大。GPT 在公布的结果中，一举刷新了自然语言处理领域中的 9 项典型任务，效果不可谓不惊艳。GPT 模型使用的是 Tranformer 的解码器结构，正是 Transformer 强大的表征能力，为最终的模型表现奠定了坚实的基础。

3. BERT 模型

GPT 模型虽然达到了很好的效果，但本质上仍是一种单向语言模型，对语义信息的建模能力有限。因此，建立一个基于 Transformer 的双向预训练语言模型是一种重要的研究思路。

BFRT 使用了一种特别的预训练任务来解决这个问题。与 GPT 相同，BFRT 同样通过堆叠 Transformer 子结构来构建基础模型，模型结构如图 8-7 所示，但通过 Masked-LM 这个特别的预训练方式达到了真双向语言模型的效果。

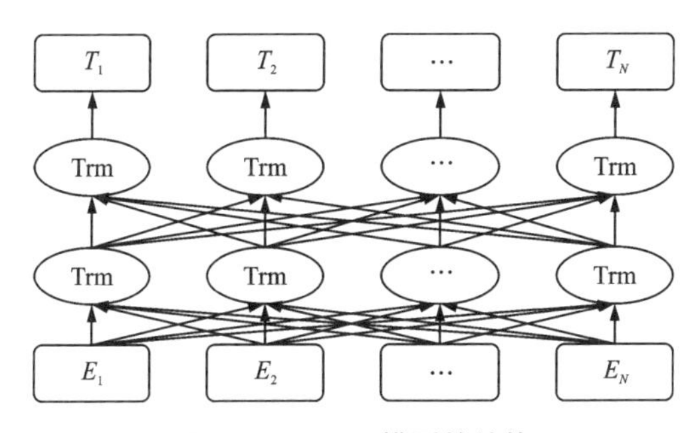

图 8-7　BERT 模型的结构

Masked-LM 预训练类似于一种完形填空的任务，即在预训练时，随机遮盖输入文本序列的部分词语，在输出层获得该位置的概率分布，进而极大化似然概率来调整模型参数。与此同时，为

了更好地处理多个句子之间的关系，BERT 还利用和借鉴了 Skip-thoughts 中预测下一句的任务来学习句子级别的语义关系。具体做法是：按照 GPT 提出的组合方式将两个句子组合成一个序列，模型预测后面句子是否为前面句子的下文，也就是建模预测下一句的任务。因此，BERT 的预训练过程实质上是一个多任务学习的过程，同时完成训练 Masked-LM 和预测下一句这两个任务，损失函数也由这两个任务的损失组成。

在预训练细节上，BERT 借鉴了 ULMFiT 的一系列策略，使模型更易于训练。在如何迁移到下游任务方面，BERT 主要借鉴了 GPT 的迁移学习框架的思想，并设计了更通用的输入层和输出层。此外，在预训练数据、预训练模型参数量和计算资源上，BERT 也远多于早期的 ELMo 和 GPT。BERT 的表现是里程碑式的，在自然语言处理领域的 11 项基本任务中获得了显著的效果提升。而自然语言处理领域的许多后续研究一般也以 BERT 模型为基础进行改进，学界普遍认为，从 BERT 模型开始，自然语言处理领域终于找到了一种方法可以像计算机视觉那样进行迁移学习。

总而言之，BERT 的出现是建立在前期很多重要工作之上的，包括 ELMo，ULMFiT，GPT，Transformer 以及 Skip-thoughts 等，是一个集大成者。BERT 的出现极大地推动了自然语言处理领域的发展，凡需要构建自然语言处理模型者，均可将这个强大的预训练模型作为现成的组件使用，从而节省了从头开始训练模型所需的时间、精力、知识和资源。

4. 小结

虽然静态的预训练技术带来了一定程度的性能提升，但是这种提升非常有限；更重要的是，这种静态的词向量技术无法解决一词多义的问题。ELMo 的出现开创了一种上下文相关的文本表

示方法，很好地处理了一词多义的问题，并在多个典型任务上有了显著的效果提升。其后，GPT 和 BERT 等预训练语言模型相继被提出，自此便进入了动态预训练技术的时代。尤其是 BERT 的出现，横扫了自然语言处理领域的多个典型任务，极大地推动了自然语言处理领域的发展，成为预训练史上一个重要的里程碑模型。此后，基于 BERT 的改进模型、XLNet 等大量新式预训练语言模型涌出，预训练技术在自然语言处理领域蓬勃发展。在预训练模型的基础上，针对下游任务进行微调，已成为自然语言处理领域的一个新范式。

BERT 的出现开启了一个新时代，此后涌现出了大量的预训练语言模型。这些新式的预训练语言模型从模型结构上主要分为两大类：基于 BERT 的改进模型和 XLNet。基于 BERT 的改进模型主要是针对原生的 BERT 模型进行改进，主要改进方向包括改进生成任务、引入知识、引入多任务、改进掩码方式以及改进训练方法。基于 BERT 的改进模型都是自编码语言模型；而 XLNet 与 BERT 模型区别较大，是自回归语言模型的一个典型范例。

8.3 面向自然语言处理的深度学习典型应用

相比于图像和语音领域所取得的成果，深度学习在自然语言处理上尽管还未取得重大突破，但也在以下相关诸多领域，如词性标注、句法分析、词义学习、情感分析有着初步应用，并取得较好效果。

8.3.1 分词和词性标注

分词是指按照一定的规范，将连续的字序列重新组合成词序列的过程。词性标注（part-of-speech tagging，POS）则是指确定句子中每个词的词性，如形容词、动词、名词等，又称词类标注或者简称标注。

在英文分词和词性标注方面，结合深度学习开展相关研究最有影响力的是 Collobert 等的研究工作，他们基于词向量方法及多层一维卷积神经网络，实现了一个同时处理词性标注、语块切分、命名实体识别、语义角色标注四个典型自然语言处理任务的 SENNA 系统，取得了与当时业界最好性能相当接近的效果。

在中文分词和词性标注方面，Zheng 等分析了利用深度学习来进行上述两项工作的可行性，主要集中在特征发现、数据表示和模型算法三方面工作。在特征发现方面，他们尝试采用深层神经网络来发现与任务相关的特征，从而避免依赖于具体任务的特征工程(task-specific feature engineering)；在数据表示方面，他们利用大规模非标注数据(unlabeled data)来改善中文字的内在表示(internal representation)，然后使用改善后的表示来提高有监督的分词和词性标注模型的性能；在模型算法方面，他们提出 Perceptron-style 算法替代 Maximum-likelihood 方法，在性能上接近当前最好的算法，但计算开销更小。受英文的词向量的概念启发，他们提出以中文的字(character)为基本单位的字向量概念，由此提供了深度学习利用中文大规模非标注数据开展预训练的可能性。

8.3.2 句法分析

句法分析(syntactic analysis)的主要任务是自动识别句子中包含的句法单位以及这些句法单位相互之间的关系，即句子的结构。通常的做法是：给定一个句子作为输入，利用语言的语法特征作为主要知识源构建一棵短语结构树。

Henderson 提出一种 Left-corner 句法分析器，首次将神经网络成功应用于大规模句法分析中；随后，Henderson 又基于同步

网络训练句法分析器；Titov 等使用 SVM 改进了一种生成型句法分析器用于不同领域的句法分析任务；他们还在特征学习基础上寻求进一步改进系统的方法。Collobert 基于深度循环图转移网络提出了一种应用于自然语言句法分析的快速判别算法。该方法使用较少的文本特征，所取得的性能指标与当时最好的判别式分析器和基准分析器相当，而在计算速度上具有较大优势。

与此同时，Costa 等也尝试采用递归神经网络模型，用于解决增量式句法分析器中候选附加短语的排序问题。他们的工作首次揭示了利用递归神经网络模型获取足够的信息，从而修正句法分析结果的可能性；但是他们只在大约 2000 个句子的子集上做了测试，相对来说测试集合显得有点少。Menchetti 等在使用 Collins 分析器生成候选句法树的基础上，利用递归神经网络模型实现再排序。和他们的工作类似，Socher 等提出了一种 CVG (compositional vector grammar) 模型用于句法结构预测，该模型将 PCFG (probabilistic contextfree grammar) 与递归神经网络模型相结合，充分利用了短语的语法和语义信息。与斯坦福分析器相比，他们的系统不仅性能上提高了约 3.8%（取得了 90.4%的 F1 值），而且在训练速度上提高约 20%。Legrand 等基于简单神经网络模型，提出了一种自底向上的句法分析方法。其主要优势在于结构简单，计算开销少，分析速度快，且性能接近当前最好系统。

8.3.3 词义学习

基于无监督学习机制的词义表示在自然语言处理中有着非常广泛的用途，例如可以作为某些学习算法的输入或者是特殊词的特征表示。但是，目前大多数词义表示模型都依赖本地上下文关系，且只能一词一义。这存在很大局限性，因为通常可能一个有着多个含义；并且对于学习词义而言，全局上下文关系能够提供更多有用的信息。Huang 等在 Collobert 和 Weston 等的基础上，提出了一种新的深度神经网络模型用于词义学习。该模型通过综合全局文本上下文信息，学习能够更好表达词义的隐藏词；通过学习每个词的多义词表示，来更好地解释同名歧义；进一步，在基于多个词向量表示词的多义性基础上，通过对模型的改进，使得词向量包含更丰富的语义信息。实验表明，相比于其他向量，Huang 等的方法与人工标注语义相似度最为接近。

Socher 等提到了对语言的深度理解概念。他们认为，单个词的向量空间模型在词汇信息的学习中得到了充分成功的应用，但是由于不能有效获取长短语的组合词义，则在语言的进一步深度理解上产生了障碍。他们提出了一种深度递归神经网络模型，该模型可通过学习短语和句子的组合向量来表示语义。句子可以是任意句法类型和长度的句子。该模型给句法树上的每个节点都分配一个向量和矩阵；向量获取元素的本体语义；矩阵捕获邻近单词和短语的变化信息。该模型在三种不同的实验中取得了显著性能，分别是副词—形容词组合对的情感分布预测、影评标记的情感分类、情感关系分类，如因果或名词之间的主题信息等。

8.3.4 情感分析

情感分析(sentiment analysis)又称为倾向性分析、意见抽取(opinion extraction)、意见挖掘(opinion mining)、情感挖掘(sentiment mining)、主观分析(subjectivity analysis)等，它是对带有情感色彩的主观性文本进行分析、处理、归纳和推理的过程，如从评论文本中分析用户对“手机”的价格、大小、质量、易用性等属性的情感倾向。

Zhou 等提出一种称为主动深度网络(active deep network，ADN)的半监督学习算法用于解决情感分类问题。首先，在标注数据和无标注数据集上，他们采用无监督学习算法来训练 RBM，进而搭建 ADN，并通过基于梯度下降算法的有监督学习方法进行

结构微调；之后，结合主动学习(active learning)方法，利用标注好的评论数据来训练半监督学习框架，将其与ADN结构融合，实现了一个面向半监督分类任务的统一模型。实验表明，该模型在5种情感分类数据集上都有较为突出的性能。ADN中RBM性能的提升，部分得益于无标注训练数据的规模提高，这就为大量丰富的无标注评论数据开辟了利用空间。

Glorot等提出了一种采用无监督学习方式从网络评论数据中学习如何提取有意义信息表示的深度学习方法，并将其用于情感分类器的构建中，在Amazon产品的4类评论基准数据上的测试性能显著。Socher等基于RAE(recursive auto-encoders)提出一种深度学习模型，应用于句子级的情感标注预测。该模型采用词向量空间构建输入训练数据，利用RAE实现半监督学习。实验表明，该模型准确性优于同类基准系统。针对词向量空间在长短语表达上缺乏表现力这一缺点，Socher等引入情感树库(sentiment treebank)，以增强情感训练和评价资源；在此基础上，训练完成的RNTN(recursive neural tensor network)模型，性能表现突出：简单句的正负情感分类准确率从80%提高到85.4%；短语情感预测从71%提高到80.7%。针对词袋模型的缺陷，Le等提出了一种基于段落的向量模型(paragraph vector)，该模型实现了一种从句子、段落和文档中自动学习固定长度特征表示的无监督算法，在情感分析和文本分类任务中都有优异表现，尤其是简单句的正负情感分类准确率相比RNTN模型提高了2%。Kim等在Collobert等构建的CNN模型基础上，借助Google公司的词向量开源工具Word2Vec完成了1000亿个单词的新闻语料训练，并将其用于包括情感树库等试验语料上的简单句情感分类任务，取得了88.1%的当时最好性能。这似乎再次验证了BigData思想：只要包含足够的训练数据，深度学习模型总能够尽可能逼近真实结果。

8.3.5 机器翻译

机器翻译(machine translation)是利用计算机把一种自然源语言转变为另一种自然目标语言的过程，也称为自动翻译。目前，基于深度学习的统计机器翻译方法研究热点可以分为：传统机器翻译模型上的神经网络改进、采用全新构建的端到端神经机器翻译(neural machine translation, NMT)方法两种类型。

大多数统计机器翻译系统建模采用基于对数线性框架(log-linear framework)，尽管已经取得较为成功的应用，但依然面临如下局限性：(1)所选特征需要与模型本身成线性匹配；(2)特征无法进一步解释说明以便反映潜在语义。针对上述局限，Liu 等提出了一种附加神经网络(additive neural network)模型，用于扩展传统对数线性翻译模型。此外，采用词向量将每个词编码转化为特征向量，作为神经网络的输入值，该模型在中英和日英两类翻译任务中均获得了较好性能。词对齐(word alignment)方法是机器翻译常用的基础技术。Yang 等基于深度神经网络(DNN)提出了一种新颖的词对齐方法。该方法将多层神经网络引入隐马尔可夫模型，从而利用神经网络来计算上下文依赖的词义转换得分；并采用大量语料来预先训练词向量。在大规模中英词对齐任务的实验表明，该方法取得较好的词对齐结果，优于经典的隐马尔可夫模型和 IBM Model 4。

与上述传统机器模型中的神经网络针对翻译系统局部改进所不同的是，近来出现的神经机器翻译构建了一种新颖的端到端翻译方法：其初始输入为整个句子，并联合翻译输出的候选句子构成句子对；通过构建神经网络，并结合双语平行语料库来寻找条件概率最大时的候选句子对，最终输出目标翻译句。神经机器翻译试图构建并训练一个可以读取源句子，直接翻译为目标句子的

单一、大型的神经网络。从统计角度来看，机器翻译可以等价为在给定输入源句子 X 的情况下，寻找条件概率最大时的翻译目标句子 Y 的值。

9 总 结

自然语言处理是人工智能中最重要的研究课题之一，也是人工智能研究的热点。中文处理通常分为以下步骤：原始文本输入，句子分段和单词属性注释，语法和句法分析，语义和实用语境分析，目标形式表达的生成，句子组和文本理解等。句子分析上接篇章理解，下连词汇分析，起着承上启下的作用。词汇分析是基础，句子分析是中心，篇章理解是最终目的。对自然语言理解的研究不仅应利用词汇、语法、语用和语义等方面的知识，而且还应涉及客观世界和相关学科的大量知识。基于语料库的统计方法是自然语言处理技术的主要方向之一。统计语言模型已成功应用于许多自然语言处理领域，例如语言识别，拼写校正，机器翻译，信息检索等。

本文研究的内容包括：基于词类的统计模型、词性标注模型、句法分析模型等；在研究方法上，以统计方法为主，根据不同的语法、语用和语义等语言特性建立适当的语言模型：聚类模型，基于词类的可变长语言模型，可用于词性标注和语音识别的马尔可夫族模型，将语法、语义、语用等语言学知识融入句法分析的结构化句法分析模型。本文的大部分模型已通过建立或选择适当的算法加以实现，并取得了较好的效果。

本文研究的重点内容是句法分析。句法分析要考虑语法、语义、语用等诸多语言特性，是分词、词性标注等许多自然语言处

理基础技术的综合运用；同时又是语音识别、机器翻译、信息检索等自然语言处理应用技术的基础。因此句法分析在自然语言处理技术中处于核心地位，其难度也是相当大的。本书提出了关于句法分析的新思想、新方法，在理论上要进一步完善，还有不少问题有待解决。

9.1 研究成果总结

9.1.1 基于词相似度的聚类算法

在统计语言模型中，词聚类是解决数据稀疏性的主要方法之一。基于词类的 N 元统计模型比基于词的 N 元统计模型能更好地计算字符串的概率。基于统计方法的自动聚类为我们提供了一种新的思路。自动聚类一般基于大规模的真实语料库，词聚类方法有很多种，但主要归纳为两种基本类型：层次聚类和非层次聚类。非层次聚类只包含每个类的个数，类之间的关系是不确定的。层次聚类的每个节点都是其父节点的子类别，而叶节点对应于类别中的每个单独对象，常用的方法有：自下而上和自上而下(压缩和拆分)。

典型的词聚类统计算法一般基于贪婪原则，以语料的似然函数或困惑度作为判别函数。这种典型算法的主要不足是聚类速度慢，初值影响结果，易陷入局部最优。本文利用互信息和语义依存关系(或邻接关系)定义词相似度，在词相似度基础上定义词集合(词类)的相似度，建立了一种聚类算法，自下而上，能得到全局最优的结果，其计算复杂度远远小于传统的基于贪婪原则的聚类方法，以相对非常小的计算代价获得了相对较好的聚类效果。在充分利用语料库统计知识的基础上，聚类算法可以尽可能接近

专家建立的汉语词汇语义分类体系，体现其层次结构。

9.1.2 可变长语言模型

基于词类的 N-gram 模型已被证明是解决基于词模型数据稀疏问题的有效方法，但这种方法牺牲了部分预测能力。因为词类的个数远小于词的个数，所以可以适当地提高 N 值来改善系统性能。但这种模型也有一些缺点：参数随 N 指数增加，系统在存储和计算方面大大增加了开销，同时也会带来新的数据稀疏问题。为了解决这一问题，人们引入了一种可变长语言模型（Vari-gram），即根据历史词对当前词预测的不同贡献，N 值也随之变化。可变长语言模型可以看作模型精度和系统开销之间的折中，该方法在一定的系统开销下，最大限度地提高了模型的预测能力，并保留了常用的基于词类的模型，它具有鲁棒性好、对文本字段变化不敏感等优点。然而，可变长语言模型的构建是一个非常复杂的问题，构造算法的好坏直接制约模型的性能。本书介绍了一种绝对权重差分方法，并利用这种方法和语法树结构构造了一个基于词类的变长语言模型，具有很好的可预测性。

9.1.3 马尔可夫族模型及其在词性标记中的应用

马尔可夫族模型建立在随机向量模型基础上，该随机向量的分量都具有马尔可夫特性。马尔可夫族模型可应用于词性标注和语音识别。该模型假定：词性标记序列和词序列均具有马尔可夫特性；一个词出现概率既与当前词的词性标记有关，也与它前面的词有关。在马尔可夫族模型假定基础上，进一步假定其前面的词和该词词性标记关于该词条件独立，则马尔可夫族模型能成功地用于词性标记，实验结果证明：在相同的测试条件下，这种基于马尔可夫族模型的词性标注算法的标注成功率远高于传统基于隐马尔可夫模型的词性标注算法的标注成功率，并且与基于隐马

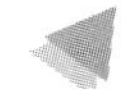

尔可夫模型的词性标注方法计算复杂度一样。

9.1.4 结构化句法分析模型

自然语言与人工语言的不同在于自然语言中包含着大量的歧义。自然语言处理的过程实质上就是一个解决歧义的过程。句法分析过程可以解决自然语言处理中的一些歧义问题，如：词性歧义、生词歧义、并列结构歧义、介词短语的宾语歧义、代词的指称歧义、句子连接歧义等。这样，歧义的消解无疑能够为进一步的自然语言处理提供有力的帮助。因此对自然语言句法分析将是自然语言处理的一个核心内容。在中文信息处理研究中，句法分析是一个重要的环节，句法分析的研究对于语义分析、自动翻译、自动文摘等更高层次的研究具有重要意义。

语法分析有两种方法：规则方法和基于统计的方法。基于规则的方法是一种以知识为主体的理性方法，它基于语言理论，强调语言学家对语言现象的理解，并使用非歧义规则来描述或解释歧义行为或特征。但是规则获取是一个非常烦琐的过程，很难找到系统的方法。基于统计的句法分析必须以某种方式描述语言形式和语法规则，并且必须通过训练已知的句法分析结果来获得这种描述，这就是句法分析模型。不同的句法分析模型反映了不同的语言知识，并且使用不同的处理方法，这可能产生不同的句法分析结果。

对自然语言句法结构的语法、语义、语用等方面的分析已成为近年来中国语言学界的共识，三个层面的研究已成为当代中文研究的热点，越来越多的研究者参与其中。然而，这些研究视角不同，没有综合考虑不同的语言特点，系统地将其应用于句法分析，没有建立一个规则与统计方法相结合的句法分析模型。

本书介绍了一个句法分析模型，该模型基于规则和统计方法的结合，并将语法、语义和语用等语言知识整合到句法分析中：

首先，依据语用和语法知识对句法结构实施层次分析（由两个单词组成的短语只有一个层次，因此不需要进行层次分析，但如果有两个以上的单词组合在两个以上的层次，则需要进行层次分析）；其次，运用语法功能和其他语法特征分析同级结构之间的组合和语法关系，并利用语用知识分析它们的排列顺序；最后还要考虑结构（短语或句法成分）中的词之间的语义依存关系。要将语法、语义、语用等语言知识引入句法分析，建立规则与统计相结合的模型，需要做两件事：一方面，为了能够在模型中使用语言知识，有必要对传统的语言知识进行适当的修改，并根据语言现象总结出一些新的语言规则和知识可以在模型中使用；另一方面，应依据语言知识的特点选取合适的统计模型。

在传统语法的基础上，我们总结出适用于句法分析统计模型的以下语法、语义和语用特征：

（1）强调句子结构的内部层次，在句法树的基础上对句子进行分层分析：首先是语法成分层，然后是短语层，直到短语由单词构成。在每层结构分析中，首先确定层的中心子结构，然后根据与中心子结构是否存在直接语法关系来确定层的其他子结构。

（2）中心词驱动特征：每层结构都有一个中心子结构（短语），每个结构（短语）都有一个中心词。根据这一特点，概率上下文无关文法中的产生式 VP→V NP 改为：

$$VP(saw) \rightarrow V(saw)NP$$

即在上下文无关规则的概率计算中引入每个短语的核心词信息。

（3）语法功能原则：每一层的短语与该层的中心短语有直接的语法功能关系，并根据语法功能关系构成一个新的短语。

（4）短语的排列顺序：不同的短语排列次序反映了不同的语法关系、语义和语用，但在一定的语法关系下，排列次序并不是完全固定的，特别是在句子成分层面，排列次序具有较大的灵活性。传统语法对语序问题讨论得较多，然而，在我们提出的结构

化句法分析模型中，有一点是需要强调的：在句法结构中，只有同一层次的结构才具有序列关系，即不在同一层次的结构不能插入同一层次中。

(5)在句子成分层面上，谓语是中心成分，主语、宾语、状语是与谓语有直接语法功能关系的其他句子成分，主语、谓语、宾语和状语组成句子。

(6)词性标记：句法分析的结果包括词性的确定，在句法分析过程中，词性标记对最终句法分析结果的准确性影响很大。在我们提出的结构化句法分析模型中，词性标记可以使用常用的词性标注 N 元模型来提高直接由词组成的短语的标注精度。

(7)传统的依存语法理论和常用的中心词驱动统计模型都假定句子中的一个词只依赖于句子中的另一个词。但在本文的句法分析模型中认为：在一个句子中，与一个词有语义依存关系的中心词(头词)可能不止一个。

(8)模型建立在聚类的基础上：利用互信息和语义依存关系(或邻接关系)定义词相似度，进而对词聚类。

(9)语用关系一定程度上决定中文的词序，同一层次结构(短语)，尤其是在句子成分层次上，短语在排列顺序上有较大的灵活性。

该模型采用层次分析法的思想，并根据层次分析法在不同阶段的语法，语义和语用特征的不同，采用不同的方法和不同的统计模型来解决问题。模型的层次分析阶段和步骤如下：

使用初始语法分析器分析句子，获得可能的语法分析树；

对句子进行句法成分分析。

1)确定句子成分层次的结构(短语)。

基于语法分析树，确定句子的谓语和其他与谓语有直接语法关系的短语，这些短语和谓语在句子中处于同一水平。在句子中，大多数句子的谓语是由动词构成的。

2)对句子成分层次的结构(短语)进行语法功能分析。

①运用语法和语用知识建立规则，标注短语成分；

②利用句法成分与句子中心成分谓语(动词短语)的语法功能关系，将句法成分构成概率空间分成以谓语为条件的相互独立的概率子空间。

③确定句子成分的中心词(头词)。

3)短语分析。

①对短语进行层次分析，确定在同一层次的结构(短语)；

②确定短语各个组成部分的中心词(头词)；

③短语内部的词的分析。

9.2 值得继续研究的问题

本书重点研究了统计方法，并根据不同的语法、语用和语义特点建立了相应的语言模型：词聚类模型、基于词类的变长语言模型以及可用于词性标注和语音识别的 Markov 族模型，整合语法、语义和语用等语言知识的结构化句法分析模型。在研究当中，有以下几点体会：

一是由于自然语言的各种特性相互影响，对自然语言的各种分析，如分词、词性标注、句法分析、篇章理解，可单独进行，但如果将各种分析综合起来，作为一个整体，进行系统分析，不但可同时得到各种分析结果，而且可提高分析的准确率。

二是要根据不同的语法、语用和语义等语言特性建立不同的语言模型，选择不同的方法，将统计方法和规则方法结合，不同的统计模型结合。

三是为了能在模型中运用语言学知识，要适当修改传统的语言学知识，并根据语言现象总结一些新的能在模型中运用的语言

学规则和知识。

本书研究的重点是句法分析。句法分析应该考虑许多语言特征，如语法、语义和语用。它综合应用了分词、词性标注等多种自然语言处理技术；同时，它是语音识别、信息检索、机器翻译等语言信息处理技术的基础。因此，句法分析是语言信息处理技术的核心，其难度也比较大。总的来说，还有以下主要工作有待进行：

一是将自然语言的各种分析，如分词、词性标注、句法分析、篇章理解等，综合起来作为一个整体，进行系统分析，建立以词的分析为基本单元，句法分析为核心，篇章理解等语境和语用分析为补充和修正的自然语言分析处理系统。

对语境和语用的研究是当今语言研究的一个重要课题。语境分为两大类：语言语境和非语言语境。语境是语用的基础，语用离不开语境，语用与语境的关系既像基脚与高楼的关系，又像一对连体双胎，密不可分。虽然语言学家们对语境的定义没有达成一致的意见，但从他们对语境的理解可以看出，语境的内涵十分丰富，语境的特征各种各样。他们对语境的理解包括：①语言环境，即上下文，口语里表现为前言后语；②发生言语行为的实际情况，其中还包括参与者的主观因素：性别、年龄、职业、教育程度、情趣、心境等等；③百科知识、文化、社会、政治。可以说，以上这些理解代表了当今语境研究的主要趋势。

语境分析对词的分析和句法分析有以下意义：

（1）一词多义或同形异义引起的词汇歧义需要语境解释；

（2）语法歧义现象主要反映在各种不同的句子结构里，从不同的角度观察，就有不同的理解。要想得到句子的确切意义就必须借助语境的解释。

因此在分析系统中，将做以下两件事：

（1）通过语境分析，减少词汇歧义。

(2)通过语境分析，减少句子结构等语法歧义，其中包括句子成分省略等问题的解决。

二是句子成分在构成和排列顺序上受到语法的制约，但句子成分的排列次序具有较大的灵活性，语用也很大程度上影响句子成分的排列顺序。如果用统计的方法对句子成分排列顺序的概率进行计算，则由于句子成分数目较多，参数规模过大导致的数据稀疏问题将会非常严重。因此将利用语法、语用知识，建立规则解决句子成分排列顺序的问题。

三是自然语言并不完全服从随机性的，希望能根据语法、语义、语用等语言特性建立一些其他的计算模型，并将其与统计模型和规则方法结合起来，进行自然语言的分析处理。

参考文献

[1] LANDAHL H D, MCCULLOCH W S, PITTS W. A statistical consequence of the logical calculus of nervous nets[J]. The Bulletin of Mathematical Biophysics, 1943, 5(4): 135-137.

[2] HINTON G E, SALAKHUTDINOV R R. Reducing the dimensionality of data with neural networks[J]. Science, 2006, 313(5786): 504-507.

[3] BENGIO Y, LAMBLIN P, POPOVICI D, et al. Greedy layer-wise training of deep networks[C]// Proceedings of NIPS. Vancouver, Canada: MIT Press, 2007: 153-160.

[4] MATSUGU M, MORI K, MITARI Y, et al. Subject independent facial expression recognition with robust face detection using a convolutional neural network[J]. Neural Networks, 2003, 16(5/6): 555-559.

[5] MIKOLOV T, CHEN KAI, CORRADO G, et al. Efficient estimation of word representations in vector space [C]// Proceedings of ICLR. Scottsdale, Arizona, USA: arXiv Press, 2013: 1301.

[6] LECUN Y, BENGIO Y, HINTON G. Deep learning[J]. Nature, 2015, 521(7553): 436-444.

[7] 王明轩, 刘群. 基于深度神经网络的语义角色标注[J]. 中文信息学报, 2018, 32(2): 50-57.

[8] 汪一百, 陈实, 叶剑锋. 利用深度学习的文本相似度计算方法[J]. 湘潭大学自然科学学报, 2018, 40(2): 104-107.

[9] 张克君, 李伟男, 钱榕, 等. 基于深度学习的文本自动摘要方案[J]. 计算机应用, 2019, 39(2): 311-315.

[10] 李枫林，柯佳. 基于深度学习的文本表示方法[J]. 情报科学，2019，37(1)：156-164.

[11] DONG L, WEI F, ZHOU M, et al. Adaptive multicomposit-ionality for recursive neural models with applications to sentiment analysis[C]//AAAI Conference on Artificial Intelligence. Québec, Canada: AAAI Press, 2014: 1537-1543.

[12] CHENG Yong, XU Wei, HE Zhongjun, et al. Semi-supervised learning for neural machine translation[C]//Proceedings of the 54th Annual Meeting of the Association for Computational Linguistics (Volume 1: Long Papers). Berlin, Germany. Stroudsburg, PA, USA: Association for Computational Linguistics, 2016: 1965-1974.

[13] SIDDHARTHAN A. Christopher D. Manning and hinrich schutze. foundations of statistical natural language processing[J]. Natural Language Engineering, 2002, 8(1): 91-92.

[14] COLLINS M. Head-driven statistical models for natural language parsing [D]. Philadelphia: The University of Pennsylvania, 1999.

[15] 王小捷，常宝宝. 自然语言处理技术基础[M]. 北京：北京邮电大学出版社，2002.

[16] GAO Jianfeng, WANG Haifeng, LI Mingjing, et al. A unified approach to statistical language modeling for Chinese [C]//2000 IEEE International Conference on Acoustics, Speech, and Signal Processing. Proceedings (Cat. No. 00CH37100). June 5-9, 2000, Istanbul, Turkey. IEEE, 2000: 1703-1706.

[17] 朱德熙. 语法讲义[J]. 上海：商务印书社，1982.

[18] 陈群秀，张普. 信息处理用现代汉语语义分类体系(之一)：计算语言学研究与应用[M]. 北京：北京语言出版社，1994.

[19] GAO J, GOODMAN J, MIAO J. The use of clustering techniques for language model application to Asian language [J]. Int. J. Comput. Linguist. Chinese Lang. Process, 2001, 6(1): 27-60.

[20] ATONION. Language modeling using x-grams[C]// Proceeding of Fourth International Conference on Spoken Language Processing. ICSLP '96,

Philadelphia, 1996: 394-397.

[21] BRANTS T. Part-of-speech tagging with finite-state morphology [C]//Conference Collocations and Idioms: linguistic, Computational, and Psycholinguistic perspectives. Berlin, 2003: 18-20.

[22] 张民, 李生, 赵铁军, 等. 统计与规则并举的汉语词性自动标注算法[J]. 软件学报, 1998, 9(2): 134-138.

[23] ERIC B. Transformation-based erro-driven learning and natural language processing: a case study in part of speech tagging[J]. In Computational Linguistics, 1995, 21(4): 543-565.

[24] 俞士汶. 计算语言学概论[M]. 北京: 商务印书馆, 2003.

[25] 曹海龙. 基于词汇化统计模型的汉语句法分析研究[D]. 哈尔滨: 哈尔滨工业大学, 2006: 15-29.

[26] 吴伟成, 周俊生, 曲维光. 基于统计学习模型的句法分析方法综述[J]. 中文信息学报, 2013, 27(3): 9-19.

[27] LEE L. Similarity-based approaches to natural language processing [EB/OL]. 1997

[28] DANIEL J, JAMES H M. Speech and language processing[M]. Upper Saddle River: Prentice Hall, 2009: 14-108.

[29] MAGERMAN D M. Statistical decision-tree models for parsing[C]//ACL ' 95: Proceedings of the 33rd annual meeting on Association for Computational Linguistics, 1995: 276-283.

[30] EUGENE C. A maximum-entropy-inspired parser[C]//Proceedings of the First Conference of the North American Chapter of the Association for Computational Linguistics, Seattle, Washington, 2000: 132-139.

[31] EUGENE C. Top-down nearly-context-sensitive parsing[C]//Proceedings of the 2010 Conference on Empirical Methods in Natural Language Processing, MIT, Massachusetts, USA, 2010: 674-683.

[32] JOHNSON M E. PCFG models of linguistic tree representations [J]. Computational Linguistics, 1998, 24(4): 613-632.

[33] PETROV S, BARRETT L, THIBAUX R, et al. Learning accurate, compact, and interpretable tree annotation[C]//Proceedings of the 21st

International Conference on Computational Linguistics and the 44th annual meeting of the ACL-ACL '06. July 17-18, 2006. Sydney, Australia. Morristown, NJ, USA: Association for Computational Linguistics, 2006: 433-440.

[34] FINKEL J R, ALEX K, CHRISTOPHER D M. Efficient, feature-based, conditional random field parsing[C]// Proceedings of the 46th Annual Meeting of the Association for Computational Linguistics, Columbus, Ohio, USA, 2008: 959-967.

[35] 李军辉. 中文句法语义分析及其联合学习机制研究[D]. 苏州: 苏州大学, 2010: 64-103.

[36] CARRERAS X, COLLINS M, KOO T. TAG, dynamic programming, and the perceptron for efficient, feature-rich parsing[C]//Proceedings of the Twelfth Conference on Computational Natural Language Learning, 2008: 9-16.

[37] 袁里驰. 基于配价结构和语义依存关系的句法分析统计模型[J]. 电子学报, 2013, 41(10): 2029-2034.

[38] MELCHUK I A. Dependency syntax: theory and practice[M]. Albany: State University Press of New York, 1988: 20-76.

[39] EISNER J. Bilexical grammars and a cubic-time probabilistic parser. [C]// Proceedings of the Fifth International Workshop on Parsing Technologies, Boston, Mass, 1997: 54-65

[40] YAMADA H, MATSUMOTO Y. Statistical dependency analysis with support vector machines [C]// Proceedings of the 8th International Workshop on Parsing Technologies, Nancy, 2003: 195-206.

[41] JOHN H, ERIC B. Exploiting diversity in natural language processing: combining parsers[C]// Proceedings of the Joint Sigdat Conference on Empirical Methods in Natural Language Processing and Very Large Corpora, College Park, MD, USA, 1999: 187-194.

[42] SAGAE K, LAVIE A. Parser combination by reparsing[C]//Proceedings of the Human Language Technology Conference of the NAACL, Companion Volume: Short Papers on XX- NAACL '06. June 4-9, 2006. New York,

New York. Morristown, NJ, USA: Association for Computational Linguistics, 2006: 129-132.

[43] ZHANG Hui, ZHANG Min, TAN C L, et al. K-best combination of syntactic parsers[C]//Proceedings of the 2009 Conference on Empirical Methods in Natural Language Processing Volume 3-EMNLP '09. August 6-7, 2009. Singapore. Morristown, NJ, USA: Association for Computational Linguistics, 2009: 1552-1560.

[44] 林颖, 史晓东, 郭锋. 一种基于概率上下文无关文法的汉语句法分析[J]. 中文信息学报, 2006, 20(2): 1-7.

[45] 王文剑, 王亚贝. 基于结构化支持向量机的中文句法分析[J]. 山西大学学报(自然科学版), 2011, 34(1): 66-70.

[46] 何亮, 戴新宇, 周俊生, 等. 中心词驱动的汉语统计句法分析模型的改进[J]. 中文信息学报, 2008, 22(4): 3-9.

[47] 陈功, 罗森林, 陈开江, 等. 结合结构下文及词汇信息的汉语句法分析方法[J]. 中文信息学报, 2012, 26(1): 9-15.

[48] PETROV S, DAN K. Improved inference for unlexicalized parsing[C]//Proceedings of the Conference of the North American Chapter of the Association for Computational Linguistics, New York, 2007: 404-411.

[49] ZHOU M. A block-based dependency parser for unrestricted Chinese text[C]// Proceedings of the 2nd Chinese Language Processing Workshop, Hong Kong, 2000: 78-84.

[50] LAI T B Y, HUANG C N, ZHOU M, et al. Span-based statistical dependency parsing of Chinese[C]//Proceedings of the 6th Natural Language Processing Pacific Rim Symposium (NLPRS2001), Tokyo, Japan, 2001: 677-684.

[51] GAO Jianfeng, SUZUKI H. Unsupervised learning of dependency structure for language modeling[C]//Proceedings of the 41st Annual Meeting on Association for Computational Linguistics-ACL '03. July 7-12, 2003. Sapporo, Japan. Morristown, NJ, USA: Association for Computational Linguistics, 2003: 521-528.

[52] JIN M X, KIM M Y, LEE J H. Two-phase shift-reduce deterministic

dependency parser of Chinese[C]// In Proceedings of IJCNLP, 2005: 256-261.

[53] 鉴萍, 宗成庆. 基于序列标注模型的分层式依存句法分析方法[J]. 中文信息学报, 2010, 24(6): 14-22.

[54] 段湘煜, 赵军, 徐波. 基于动作建模的中文依存句法分析[J]. 中文信息学报, 2007, 21(5): 25-30.

[55] 马若策, 戴新宇, 陈家骏. 决策式中文依存句法分析模型的改进[J]. 广西师范大学学报(自然科学版), 2009, 27(1): 157-160.

[56] 辛霄, 范士喜, 王轩, 等. 基于最大熵的依存句法分析[J]. 中文信息学报, 2009, 23(2): 18-22.

[57] 计峰, 邱锡鹏. 基于序列标注的中文依存句法分析方法[J]. 计算机应用与软件, 2009, 26(10): 133-135.

[58] 李正华, 车万翔, 刘挺. 基于柱搜索的高阶依存句法分析[J]. 中文信息学报, 2010, 24(1): 37-41.

[59] 车万翔, 张梅山, 刘挺. 基于主动学习的中文依存句法分析[J]. 中文信息学报, 2012, 26(2): 18-22.

[60] CHEN W L, KAZAMA J, TORISAWA K B. Dependency parsing with bilingual subtree constraints [C]// Proceedings of the 48th Annual Meeting of the Association for Computational Linguistics, Uppsala, Sweden, 2010: 21-29.

[61] 熊德意, 刘群, 林守勋. 融合丰富语言知识的汉语统计句法分析[J]. 中文信息学报, 2005, 19(3): 61-66.

[62] 代印唐, 吴承荣, 马胜祥, 等. 层级分类概率句法分析[J]. 软件学报, 2011, 22(2): 245-257.

[63] BLACK F E, JELINEK J, LAFFETY D. Nagermantowerds, history-based grammars: using richer models for Probablistic parsing[C]// Proceedings of the workshop on Speech and Natural Language, Columbus, 1993: 31-37.

[64] XUE Nianwen. Labeling Chinese predicates with semantic roles [J]. Computational Linguistics, 2008, 34(2): 225-255.

[65] 刘挺, 车万翔, 李生. 基于最大熵分类器的语义角色标注[J]. 软件学

报, 2007, 18(3): 565-573.

[66] 王鑫, 孙薇薇, 穗志方. 基于浅层句法分析的中文语义角色标注研究[J]. 中文信息学报, 2011, 25(1): 116-122.

[67] 李世奇, 赵铁军, 李晗静, 等. 基于特征组合的中文语义角色标注[J]. 软件学报, 2011, 22(2): 222-232.

[68] 吴方磊, 李军辉, 朱巧明, 等. 基于树核函数的中文语义角色分类研究[J]. 中文信息学报, 2011, 25(3): 51-58.

[69] 王智强, 李茹, 阴志洲, 等. 基于依存特征的汉语框架语义角色自动标注[J]. 中文信息学报, 2013, 27(2): 34-40.

[70] 李军辉, 周国栋, 朱巧明, 等. 中文名词性谓词语义角色标注[J]. 软件学报, 2011, 22(8): 1725-1737.

[71] LAPOLLA R J. Pragmatic relations and word order in Chinese[M]. Typological Studies in Language. Amsterdam: John Benjamins Publishing Company, 1995: 297.

[72] 沈家煊. 句式和配价[J]. 中国语文, 2000(4): 291-297.

[73] 聂鸿英. 汉语“配价”语法研究综述[J]. 延边大学学报(社会科学版), 2011, 44(2): 39-42.

[74] 袁毓林. 汉语配价语法研究[M]. 北京: 商务印书馆, 2010: 55-170.

[75] 周国光. 现代汉语配价语法研究[M]. 北京: 高等教育出版社, 2011: 21-82.

[76] ZHENG X Q, CHEN H Y, XU T Y. Deep learning for Chinese word segmentation and POS tagging[C]// Proceedings of the 2013 Conference on Empirical Methods in Natural Language Processing (EMNLP'2013). Seattle, Washington, USA: ACL Press, 2013: 647-657.

[77] HENDERSON J. Neural network probability estimation for broad coverage parsing[C]// Proceedings of the 10th Conference on European Chapter of the Association for Computational Linguistics (EACL'03). Budapest, Hungary: ACL Press, 2003: 131-138.

[78] HENDERSON J. Discriminative training of a neural network statistical parser[C]// Proceedings of the 42nd Annual Meeting on Association for Computational Linguistics (ACL'2004). Barcelona, Spain: ACL Press,

2004: 95-102.

[79] TITOV I, HENDERSON J. Porting statistical parsers with data-defined kernels[C]// Proceedings of the 10th Conference on Computational Natural Language Learning (CoNLL-2006). New York, USA: ACL Press, 2006: 6-13.

[80] TITOV I, HENDERSON J. Constituent parsing with incrcmcntat sigmoid belief networks [C]// Proceedings of the 45th Annual Meeting on Association for Computational Linguistics (ACL'2007). Prague, Czech Republic: ACL Press, 2007: 632-639.

[81] COLLOBERT R. Deep learning for efficient discriminative parsing[C]// Proceedings of the 14th International Conference on Artificial Intelligence and Statistics (AISTATS'2011). Fort Lauderdale, Florida, USA: Omni Press, 2011: 224-232.

[82] COSTA F, FRASCONI P, LOMBARDO V, et al. Towards incremental parsing of natural language using recursive neural networks[J]. Applied Intelligence, 2003, 19(1/2): 9-25.

[83] MENCHETTI S, COSTA F, FRASCONI P, et al. Wide coverage natural language processing using kernel methods and neural networks for structured data[J]. Pattern Recognition Letters, 2005, 26(12): 1896-1906.

[84] SOCHER R, BAUER J, MANNING C D, et al. Parsing with compositional vector grammars[C]// Proceedings of the 51st Annual Meeting on Association for Computational Linguistics (ACL'2013). Sofia, Bulgaria: ACL Press, 2013: 455-465.

[85] LEGRAND J, COLLOBERT R. Recurrent greedy parsing with neural networks[C]//Machine Learning and Knowledge Discovery in Databases. Berlin, Heidelberg: Springer Berlin Heidelberg, 2014: 130-144.

[86] HUANG E H, SOCHER R, MANNING C D, et al. Improving word representations via global context and multiple word prototypes[C]// Proceedings of the 50th Annual Meeting of the Association for Computational Linguistics (ACL'2012). Jeju Island, Korea: ACL Press,

2012: 873-882.

[87] COLLOBERT R, WESTON J. A unified architecture for natural language processing: deep neural networks with multitask learning[C]//Proceedings of the 25th international conference on Machine learning-ICML '08. July 5-9, 2008. Helsinki, Finland. New York: ACM Press, 2008: 160-167.

[88] SOCHER R, HUVAL B, MANNING C D, et al. Semantic compositionality through recursive matrix-vector spaces[C]// Proceedings of the 2012 Joint Conference on Empirical Methodsin Natural Language Processing and Computational Natural Language Learning. Jeju Island, Korea: ACL Press, 2012: 1201-1211.

[89] ZHOU S S, CHEN Q C, WANG X L. Active deep networks forsemi-supervised sentiment classification [C]// Proceedings of the 23rd International Conference on Computational Linguistics (COLINO'2010). Beijing, China: ACL Press, 2010: 1515-1523.

[90] GLOROT X, BORDES A, BENGIO Y. Domain adaptation for large-scale sentiment classification: a deep learning approach [C]//ICML' 11: Proceedings of the 28th International Conference on International Conference on Machine Learning, 2011: 513-520.

[91] SOCHER R, PENNINGTON J, HUANG E H, et al. Semi-supervised recursive autoencoders for predicting sentiment distributions [C]// Proceedings of the 2011 Conference on Empirical Methods in Natural Language Processing (EMNLP' 2011). Edinburgh, UK: ACL Press, 2011: 151-161.

[92] SOCHER R, PERELYGIN A, WUJ Y, et al. Recursive deep models for semantic compositionality over a sentiment treebank[C]// Proceedings of the 2013 Conference on Empirical Methods in Natural Language Processing (EMNLP'2013). Seattle, USA: ACL Press, 2013: 1631-1642.

[93] LE Q, MIKOLOV T. Distributed representations of sentences and documents[C]// Proceedings of the 31st International Conference on Machine Learning (ICML' 14). Beijing, China: ACM Press, 2014: 1188-1196.

[94] COLLOBERT R, WESTON J, BOTTOU L, et al. Natural language processing (almost) from scratch[J]. The Journal of Machine Learning Research, 2011, 12: 2493-2537.

[95] 钟义信. 信息科学原理[M]. 北京: 北京邮电大学出版社, 1996.

[96] 钟义信, 潘新安, 陈义先. 智能理论与技术: 人工智能与神经网络[M]. 北京: 人民邮电出版社, 1992.

[97] 钟义信. 关于"信息-知识-智能转换规律"的研究[J]. 电子学报, 2004, 32(4): 601-605.

[98] CHARNIAK E, HENDRICSON C, JACOBSON N. Mike Perkowitz, equations for part-of-speech tagging[C]// Proceedings of the Eleventh National Conference on Artificial intelligence, Menlo Park: AAAI Press/MIT Press, 1993: 784-789.

[99] BRANTS T. TnT: a statistical part-of-speech tagger[C]//Proceedings of the sixth conference on Applied natural language processing -. April 29-May 4, 2000. Seattle, Washington. Morristown, NJ, USA: Association for Computational Linguistics, 2000.

[100] RABINER L R. A tutorial on hidden Markov models and selected applications in speech recognition[J]. Proceedings of the IEEE, 1989, 77(2): 257-286.

[101] DAGANI, MARCUS S, MARKOVITCH S. Contextual word similarity and estimation from sparse data[J]. Computer Speech & Language, 1995, 9(2): 123-152.

[102] FIRTHJR. A synopsis of linguistic theory 1930-1955[R]. In Philological Society, Studies in Linguistic Analysis. Blackwell, Oxford, 1957: 1-32.

[103] HARRISZS. Mathematical structures of language[M]. New York: Wiley, 1968.

[104] CUTTING D R, KARGER D R, PERDERSEN J R, et al. Scatter/garther: a cluster-based approach to browsing large document collections[C]// Proceedings of the 15th annual international ACM SIGIR conference on Research and development in information retrieval, 1992: 318-329.

[105] GAO J, WANG H F M, LEE K F. A unifed approach to statistical

language modeling for Chinese [C]//ICASSP - 2000, Istanbul, Turkey, 2000.

[106] LEE L. Similarity-based approaches to natural language processing[EB/OL]. 1997

[107] KAROVY, EDELMAN S. Learning similarity-based word sense disambiguation from sparse data [EB/OL]. 1996: arXiv: cmp-lg/9605009. https://arxiv.org/abs/cmp-lg/9605009

[108] NIESLER T R, WOODLAND P C. A variable-length category-based *n*-gram language model [C]//1996 IEEE International Conference on Acoustics, Speech, and Signal Processing Conference Proceedings. May 9, 1996, Atlanta, GA, USA. IEEE, 1996: 164-167.

[109] JAN A, WILLENM. Corpus linguistics: theory and practice [M]. Amsterdam: Rodopi, 1990.

[110] SCHANK R, ABELSON R. Scripts, plans, goals and understanding: an inquiry into human knowledge structures [M]. Hillsdale: Lawrence Erlbaum Associates, Publishers, 1977.

[111] Rich E. Artificial intelligence[M]. London: McGraw-Hill Book Company, 1983: 295-344.

[112] FRANCIS W N, GARSIDE R, LEECH G, et al. The computational analysis of English: acorpus-based approach [J]. Language, 1989, 65(2): 427.

[113] COLLINS M, BROOKS J. Prepositional phrase attachment through a backed-off model [C]//Text, Speech and Language Technology. Dordrecht: Springer Netherlands, 1999: 177-189.

[114] 孟遥, 李生, 赵铁军, 等. 四种基本统计句法分析模型在汉语句法分析中的性能比较[J]. 中文信息学报, 2003, 17(3): 1-8.

[115] 郭艳华, 周昌乐. 一种汉语语句依存关系网分析策略与生成算法研究[J]. 浙江大学学报(理学版), 2000, 27(6): 637-645.

[116] 陆汝钤. 人工智能上下册[M]. 北京: 科学出版社, 1996.

[117] 徐烈炯. 语义学[M]. 北京: 语文出版社, 1990.

[118] 吴蔚天, 罗建林. 汉语计算语言学: 汉语形式语法和形式分析 [M].

北京：电子工业出版社，1994.

[119] CHO K, VANMERRIENBOER B, GULCEHRE C, et al. Learning phrase representations using RNN encoder - decoder for statistical machine translation[C]//Proceedings of the 2014 Conference on Empirical Methods in Natural Language Processing (EMNLP). Doha, Qatar. Stroudsburg, PA, USA: Association for Computational Linguistics, 2014: 1724-1734.

[120] CHO K, VANMERRIENBOER B, BAHDANAU D, et al. On the properties of neural machine translation: encoder-decoder approaches [C]//Proceedings of SSST-8, Eighth Workshop on Syntax, Semantics and Structure in Statistical Translation. Doha, Qatar. Stroudsburg, PA, USA: Association for Computational Linguistics, 2014: 103-111.

[121] 冯志伟. 特思尼耶尔的从属关系语法[J]. 国外语言学，1983(1): 63-65.

[123] 张敏，罗振声. 语料库与知识获取模型[J]. 中文信息学报，1994, 8(1): 15-24.

[124] 黄曾阳. HNC 理论概要[J]. 中文信息学报，1997, 11(4): 11-20.

[125] 罗振声，郑碧霞. 汉语句型自动分析和分布统计算法与策略的研究[J]. 中文信息学报，1994, 8(2): 1-19.

[126] 周明，黄昌宁. 面向语料库标注的汉语依存体系的探讨[J]. 中文信息学报，1994, 8(3): 35-51.

[127] 刘伟权，王明会，钟义信. 建立现代汉语依存关系的层次体系[J]. 中文信息学报，1996, 10(2): 32-46.

[128] 冯志伟. 论歧义结构的潜在性[J]. 中文信息学报，1995, 9(4): 14-24.

[129] 朱德熙. 汉语句法中的歧义现象，现代汉语语法研究[M]. 北京：商务印书馆，1980.

[130] 周强. 汉语短语的自动划分和标注[J]. 中文信息学报，1997, 11(1): 1-10.

[131] 陈浪舟，黄泰翼. 一种新颖的词聚类算法和可变长统计语言模型[J]. 计算机学报，1999, 22(9): 942-948.

[132] BAI Shuanghu, LI Haizhou, LIN Zhiwei, et al. Building class-based

language models with contextual statistics[C]//Proceedings of the 1998 IEEE International Conference on Acoustics, Speech and Signal Processing, ICASSP '98 (Cat. No. 98CH36181). May 15-15, 1998, Seattle, WA, USA. IEEE, 1998: 173-176.

[133] GIACHIN E P. Phrase bigrams for continuous speech recognition[C]// 1995 International Conference on Acoustics, Speech, and Signal Processing. May 9 - 12, 1995, Detroit, MI, USA. IEEE, 1995: 225-228.

[134] GOODMAN J, GAO J. Language model compression by predictive clustering [C]// In Proceedings of the ICSLP - 2000 Conference, Beijing, 2000.

[135] HEARST M A. TextTiling: segmenting text into multi-paragraph subtopic passages[J]. Computational Linguistics, 1997, 23(1): 33-64.

[136] HUANG X D, ACERO A, HON H. Spoken language processing[M]. Prentice hall, Englewood Cliffs, 2000.

[137] IYER R, OSTENDORF M, GISH H. Using out-of-domain data to improve in-domain language models[J]. IEEE Signal Processing Letters, 1997, 4(8): 221-223.

[138] MANNING C D, SCHUTZE H. Foundations of statistical natural language processing[M]. MIT Press, Cambridge, 1999

[139] MILLER D R H, LEEK T, SCHWARTZ R M. A hidden Markov model information retrieval system [C]//Proceedings of the 22nd annual international ACM SIGIR conference on Research and development in information retrieval-SIGIR '99. August 15 - 19, 1999. Berkeley, California, USA. New York: ACM Press, 1999: 214-221.

[140] SEYMORE K, ROSENFELD R. Scalable backoff language models[C]// Proceeding of Fourth International Conference on Spoken Language Processing. ICSLP '96. October3-6, 1996, Philadelphia, PA, USA. IEEE, 1996: 232-235.

[141] SEYMORE K, ROSENFELD R. Using story topics for language model adaptation[C]// In Proceedings of the ICASSP-97 Conference, 1997.

[142] STOLCKE A. Entropy-based pruning of backoff language models[C]// In Proceedings of the DARPA News Transcription and Understanding Workshop (Lansdowne, VA.), 1998: 270-274.

[143] WONG P K, CHAN C. Chinese word segmentation based on maximum matching and word binding force[C]//Proceedings of the 16th conference on Computational linguistics -. August 5 - 9, 1996. Copenhagen, Denmark. Morristown, NJ, USA: Association for Computational Linguistics, 1996: 200-203.

[144] YAMAMOTO H, SAGISAKA Y. Multi-class composite N-gram based on connection direction [C]//1999 IEEE International Conference on Acoustics, Speech, and Signal Processing. Proceedings. ICASSP99(Cat. No. 99CH36258). March 15 - 19, 1999, Phoenix, AZ, USA. IEEE, 1999: 533-536.

[145] YANG K C, HO T H, CHIENQ L F, et al. Statistics-based segment pattern lexicon-a new direction for Chinese language modeling [C]// Proceedings of the 1998 IEEE International Conference on Acoustics, Speech and Signal Processing, ICASSP '98 (Cat. No. 98CH36181). May 15-15, 1998, Seattle, WA, USA. IEEE, 1998: 169-172.

[146] SUTSKEVER I, VINYALS O, LE Q V. Sequence to sequence learning with neural networks [C]// In: Proceedings of the 2014 Advances in Neural Information Processing Systems 27(NIPS´14). Montreal, Quebec, Canada: MIT Press, 2014: 3104-3112.

[147] THELENM, RILOE. In proceedings of the 2002conference on empirical methods in natural language processing (EMNLP 2002)[EB/OL]. 2002

[148] JASON M E. Bilexical grammars and a cubic-time probabilistic parser [C]// In Proceedings of the International Workshop on Parsing Technologies (IWPT'97), MIT, September 1997: 54-65.

[149] EISNER J. Bilexical grammars and their cubic-time parsing algorithms [M]//Text, Speech and Language Technology. Dordrecht: Springer Netherlands, 2000: 29-61.

[150] SEUNGMI L, CHOI K S. Learning probabilistic dependency grammars for

korean[C]// Computer Processing of Oriental Languages, Mar 2000, 12(3): 251-268.

[151] SEO K J, NAM K C, CHOI K S. A probalistic model of the dependency parse of the variable-word-order languages by using asc-ending dependency [C]//Computer Processing of Oriental Languages, Mar 2000, 12(3): 309-322.

[152] CLARKSON P, ROBINSON T. Improved language modelling through better language model evaluation measures [J]. Computer Speech & Language, 2001, 15(1): 39-53.

[153] GAO J, GOODMAN J, LI M, et al. Toward a unified approach to statistical language modeling for Chinese[J]. ACM Transactions on Asian Language Information Processing, 2002, 1(1): 3-33.

[154] YAROWSKY D. Unsupervised word sense disambiguation rivaling supervised methods [C]//Proceedings of the 33rd annual meeting on Association for Computational Linguistics -. June 26 - 30, 1995. Cambridge, Massachusetts. Morristown, NJ, USA: Association for Computational Linguistics, 1995: 189-196.

[155] CHARNIAK E. Immediate-head parsing for language models[C]//2001: 124-131.

[156] CHELBA C, JELINEK F. Structured language modeling[J]. Computer Speech & Language, 2000, 14(4): 283-332.

[157] CHELBA C D, ENGLE F, JELINEK V, et al. Structure and performance of a dependency language model. In Processing of Eurospeech, 1997, 5: 2775-2778.

[158] PIETRA S D, PIETRAV D, GILLETT J, et al. Inference and estimation of a long-range trigram model[R]. Defense Technical Information Center, 1994: 94-188.

[159] GAO Jianfeng, GOODMAN J, MIAO Jiangbo. The use of clustering techniques for language model - application to Asian language [J]. ComputationalLinguistics and Chinese Language Processing, 2001, 6(1): 27-60.

[160] GAO Jianfeng, GOODMAN J T, CAO Guihong, et al. Exploring asymmetric clustering for statistical language modeling[C]//Proceedings of the 40th Annual Meeting on Association for Computational Linguistics - ACL '02. July 7-12, 2002. Philadelphia, Pennsylvania. Morristown, NJ, USA: Association for Computational Linguistics, 2001: 183-190.
[161] GAO Jianfeng, SUZUKI H, WEN Yang. Exploiting headword dependency and predictive clustering for language modeling[C]//Proceedings of the ACL-02 conference on Empirical methods in natural language processing-EMNLP '02. Not Known. Morristown, NJ, USA: Association for Computational Linguistics, 2002: 248-256.
[162] GAO Jianfeng, SUZUKI H. Unsupervised learning of dependency structure for language modeling[C]//Proceedings of the 41st Annual Meeting on Association for Computational Linguistics - ACL '03. July 7-12, 2003. Sapporo, Japan. Morristown, NJ, USA: Association for Computational Linguistics, 2003: 521-528.
[163] GOODMAN J T. A bit of progress in language modeling[J]. Computer Speech & Language, 2001, 15(4): 403-434.
[164] GEUTNERP. Introducing linguistic constraints into statistical language modeling[J]. Proceeding of Fourth International Conference on Spoken Language Processing ICSLP '96, 1996, 1: 402-405.
[165] ISOTANI R, MATSUNAGA S. A stochastic language model for speech recognition integrating local and global constraints[J]. Proceedings of ICASSP '94 IEEE International Conference on Acoustics, Speech and Signal Processing, 1994(2): 5-8.
[166] NEY H, ESSEN U, KNESER R. On structuring probabilistic dependences in stochastic language modelling[J]. Computer Speech & Language, 1994, 8(1): 1-38.
[167] KNESER R, NEY H. Improved backing-off for M-gram language modeling[C]//1995 International Conference on Acoustics, Speech, and Signal Processing. May9-12, 1995, Detroit, MI, USA. IEEE, 1995: 181-184.
[168] ROARK B. Probabilistic top-down parsing and language modeling[J].

Computational Linguistics, 2001, 27(2): 249-276.

[169] ROSENFELDR. Adaptive statistical language modeling: a maximum entropy approach[D]. Carnegie Mellon University, 1994.

[170] SIU M, OSTENDORF M. Variable *n*-grams and extensions for conversational speech language modeling [J]. IEEE Transactions on Speech and Audio Processing, 2000, 8(1): 63-75.

[171] Brown P F, Vincent J, Della P, et al. Class-based N-gram models of natural language[J]. Computational Linguistics, 1992, 18(4): 467-479.

[172] CHARNIAK E. Immediate-head parsing for language models [C]// Proceedings of the 39th Annual Meeting of the Association for Computational Linguistics, Toulouse, France: 2001: 124-131.

[173] CHARNIAK E. Statistical techniques for natural language parsing[J]. In AI Magazine, 1997, 18(4): 33-43.

[174] COLLINS M, KOOT. Discriminative reranking for natural language parsing [J]. Computational Linguistics, 2005, 31(1): 25-70.

[175] HAUSSLER D. Convolution Kernels on discrete structures[R]. University of Santa Cruz, 1999.

[176] LODHI H, CHRISTIANINI N, SHAWE-TAYLOR J, et al. Online learning with kernels[M]. Cambridge: The MIT Press, 2002.

[177] SCHOLKOPF B, SMOLA A, MULLER KR. Kernel principal component analysis[M]. Cambridge: MIT Press, 1999.

[178] WATKINS C. Dynamic alignment kernels [M]. Cambridge: MIT Press, 2000.

[179] CHARNIAKE. A maximum-entropy-inspired parser[C]//Proceedings of the 1st North American chapter of the Association for Computational Linguistics conference, 2000: 132-139.

[180] BOD R. What is the minimal set of fragments that achieves maximal parse accuracy? [C]//Proceedings of the 39th Annual Meeting on Association for Computational Linguistics - ACL' 01. July 6 - 11, 2001. Toulouse, France. Morristown, NJ, USA: Association for Computational Linguistics, 2001: 66-73.

[181] HINTON G E. Training products of experts by minimizing contrastive divergence[J]. Neural Computation, 2002, 14(8): 1771-1800.

[182] JOHNSONM. PCFG models of linguistic tree representations [J]. Computational Linguistics, 1998, 24(4): 613-632.

[183] EISNER J, SATTAG. Efficient parsing for bilexical context-free grammars and head-automatongrammars [C]// Proceedings of the 37th Annual Meeting of the Association for Computational Linguistics, USA: College Park, Maryland, 1999: 457-464.

[184] KLEIN D, MANNING C D. Parsing with treebank grammars: empirical bounds, theoretical models, and the structure of the Penn Treebank[C]// Proceedings of the 39th Annual Meeting on Association for Computational Linguistics-ACL '01. July 6-11, 2001. Toulouse, France. Morristown, NJ, USA: Association for Computational Linguistics, 2001: 330-337.

[185] CHARNIAKE, GOLDWATERS, JOHNSON M. Edge-based best-first chart parsing[C]//Proceedings of the Sixth Workshop on Very Large Corpora, 1998: 127-133.

[186] CARROLLJ, WEIR D. Encoding frequency information in lexicalized grammars [M]//Text, Speech and Language Technology. Dordrecht: Springer Netherlands, 2000: 13-28.

[187] SEO K J, NAM K C, CHOI K S. A probalistic model of the dependency parse of the variable-word-order languages by using ascending dependency [J]. Computer Processing of Oriental Languages, 2000, 12(3): 309-322.

[188] XUE Nianwen, XIA Fei, CHIOU F D, et al. The PennChinese treebank: phrase structure annotation of a largecorpus [J]. Natural Language Engineering, 2005, 11(2): 207-238.

[189] FUNG P, NGAI G, YANG Y S, et al. A maximum-entropy Chinese parser augmented by transformation-basedlearning [J]. ACM Trans on Asian language Processing, 2004, 3(2): 159-168.

[190] VILARES J, ALONSOMA, VILARES M. Extraction of complex index terms in non-English IR: a shallow parsing based approach [J].

Information Processing & Management, 2008, 44(4): 1517-1537.

[191] 赵军, 黄昌宁. 汉语基本名词短语结构分析模型[J]. 计算机学报, 1999, 22(2): 141-146.

[192] AVIRAN S, SIEGEL P H, WOLF J K. Optimal parsing trees for run-length coding of biased data[J]. IEEE Transaction on information Theory, 2008, 54(2): 841-849.

[193] ZHOU Deyu, HE Yulan. Discriminative training of the hidden vectorstate model for semantic parsing[J]. IEEE Transactions on Knowledge and Data Engineering, 2009, 21(1): 66-77.

[194] 袁里驰. 基于依存关系的句法分析统计模型[J]. 中南大学学报(自然科学版), 2009, 40(6): 1630-1635.

[195] 孟遥, 李生, 赵铁军, 等. 基于统计的句法分析技术综述[J]. 计算机科学, 2003, 30(9): 54-58.

[196] YUAN Lichi. Improved head-driven statistical models for natural language parsing[J]. Journal of Central South University, 2013, 20(10): 2747-2752.

[197] 周强. 基于语料库和面向统计学的自然语言处理技术[J]. 计算机科学, 1995, 22(4): 36-40.

[198] 马金山. 基于统计方法的汉语依存句法分析研究[D]. 哈尔滨: 哈尔滨工业大学, 2008: 5-30.

[199] 王继曾, 任浩征, 罗恒, 等. 基于统计的句法分析方法研究[J]. 计算机工程与设计, 2006, 27(12): 2207-2210.

[200] 袁里驰. 基于词聚类的依存句法分析[J]. 中南大学学报(自然科学版), 2011, 42(7): 2023-2027.

[201] 李业刚, 孙福振, 李鉴柏, 等. 语义角色标注研究综述[J]. 山东理工大学学报(自然科学版), 2011, 25(6): 19-24.

[202] BASSIOU N, KOTROPOULOS C. Long distance bigram models applied to word clustering[J]. Pattern Recognition, 2011, 44(1): 145-158.

[203] HODGE V J, AUSTIN J. Hierarchical word clustering—automatic thesaurus generation[J]. Neurocomputing, 2002, 48(1/2/3/4): 819-846.

[204] 刘水，李生，赵铁军，等. 头驱动句法分析中的直接插值平滑算法[J]. 软件学报，2009，20(11)：2915-2924.

[205] YANG N, LIU S J, LI M, et al. Word alignment modeling with context dependent deep neural network [C]// Proceedings of the 51st Annual Meeting of the Association for Computational Linguistics (ACL' 2013). Sofa, Bulgaria: ACL Press, 2013: 166-175.

[206] YUAN Lichi. Improved head-driven statistical models for natural language parsing [J]. Journal of Central South University, 2013, 20 (10): 2747-2752.

[207] LIU L M, WATANABC T, SUMITA E, et al. Additive neural networks for statistical machine translation [C]// Proceedings of the 51st Annual Meeting of the Association for Computational Linguistics (ACL' 2013). Sofa, Bulgaria: ACL Press, 2013: 791-801.

[208] KIM Y. Convolutional neural networks for sentence classification [C]// Proceedings of the 2014 Conference on Empirical Methods in Natural Language Processing (EMNLP). Doha, Qatar. Stroudsburg, PA, USA: Association for Computational Linguistics, 2014: 1746-1751.

[209] NIVREJ, HALL J, NILSSON J. Malt Parser: a data-driven parser-generator for dependency parsing [C]// Proceedings of the 15th International Conference on Language Resources and Evaluation (LREC2006). Genoa, Italy: European Language Resources Association, 2006: 2216-2219.

[210] MCDONALD R, CRAMMER K, PEREIRA F. Online large-margin training of dependency parsers [C]//Proceedings of the 43rd Annual Meeting on Association for Computational Linguistics - ACL '05. June 25-30, 2005. Ann Arbor, Michigan. Morristown, NJ, USA: Association for Computational Linguistics, 2005: 91-98.

[211] CARRERAS X. Experiments with a higher-orderprojective dependency parser[C]// Proceedings of Conference on Empirical Methods in Natural Language Processing. Prague, The Czech Republic: Association for Computational Linguistics, 2007: 957-961.

[212] ZHANG Yue, CLARK S. A tale of two parsers: investigating and combining graph-based and transition-based dependency parsing using beam-search[C]//Proceedings of the Conference on Empirical Methods in Natural Language Processing-EMNLP '08. October 25 - 27, 2008. Honolulu, Hawaii. Morristown, NJ, USA: Association for Computational Linguistics, 2008: 562-571.

[213] 庄福振, 罗平, 何清, 等. 迁移学习研究进展[J]. 软件学报, 2015, 26(1): 26-39.

[214] 赵国荣, 王文剑. 一种处理结构化输入输出的中文句法分析方法[J]. 中文信息学报, 2015, 29(1): 139-145.

[215] 李冬晨, 张献涛, 樊扬, 等. 融合词义消歧的汉语句法分析方法研究[J]. 北京大学学报(自然科学版), 2015, 51(4): 577-584.

[216] 吴福祥, 周付根. 统一框架的混合依存句法分析[J]. 电子科技大学学报, 2016, 45(1): 102-106.

[217] 张建明, 詹智财, 成科扬, 等. 深度学习的研究与发展[J]. 江苏大学学报(自然科学版), 2015, 36(2): 191-200.

[218] 王璐璐, 袁毓林. 走向深度学习和多种技术融合的中文信息处理[J]. 苏州大学学报(哲学社会科学版), 2016, 37(4): 160-167.

[219] 周青宇, 赵铁军. 基于深度学习的自然语言句法分析研究[D]. 哈尔滨: 哈尔滨工业大学, 2016.

[220] 奚雪峰, 周国栋. 面向自然语言处理的深度学习研究[J]. 自动化学报, 2016, 42(10): 1445-1465.

[221] 刘帅师, 程曦, 郭文燕, 等. 深度学习方法研究新进展[J]. 智能系统学报, 2016, 11(5): 567-577.

[222] 张军阳, 王慧丽, 郭阳, 等. 深度学习相关研究综述[J]. 计算机应用研究, 2018, 35(7): 1921-1928.

[223] 林奕欧, 雷航, 李晓瑜, 等. 自然语言处理中的深度学习: 方法及应用[J]. 电子科技大学学报, 2017, 46(6): 913-919.

[224] LIN Yankai, SHEN Shiqi, LIU Zhiyuan, et al. Neural relation extraction with selective attention over instances[C]//Proceedings of the 54th Annual Meeting of the Association for Computational Linguistics (Volume 1: Long

Papers). Berlin, Germany. Stroudsburg, PA, USA: Association for Computational Linguistics, 2016: 2124-2133.

[225] 刘知远, 孙茂松, 林衍凯, 等. 知识表示学习研究进展[J]. 计算机研究与发展, 2016, 53(2): 247-261.

[226] 章登义, 胡思, 徐爱萍. 一种基于双向 LSTM 的联合学习的中文分词方法[J]. 计算机应用研究, 2019, 36(10): 2920-2924.

[227] 王飞, 陈立, 易绵竹, 等. 新技术驱动的自然语言处理进展[J]. 武汉大学学报(工学版), 2018, 51(8): 669-678.

[228] 罗枭. 基于深度学习的自然语言处理研究综述[J]. 智能计算机与应用, 2020, 10(4): 133-137.

[229] 李舟军, 范宇, 吴贤杰. 面向自然语言处理的预训练技术研究综述[J]. 计算机科学, 2020, 47(3): 162-173.

[230] 刘睿晰, 叶霞, 岳增营. 面向自然语言处理任务的预训练模型综述[J]. 计算机应用, http://www.joca.cn/CN/10.11772/j.issn.1001-9081.2020081152